做内心强大的女人

To be a strong-willed woman

白小小 —— 编著

民主与建设出版社
·北京·

©民主与建设出版社，2018

图书在版编目（CIP）数据

做内心强大的女人/白小小编著.—北京：民主与建设出版社，2018.2
ISBN 978-7-5139-1946-3

Ⅰ.①做… Ⅱ.①白… Ⅲ.①女性—成功心理—通俗读物 Ⅳ.①B848.4-49

中国版本图书馆CIP数据核字(2018)第022524号

做内心强大的女人
ZUO NEIXIN QIANGDA DE NÜREN

出 版 人	李声笑
编　　著	白小小
责任编辑	郭长岭
封面设计	末末美书
出版发行	民主与建设出版社有限责任公司
电　　话	（010）59417745　59419778
社　　址	北京市海淀区西三环中路10号望海楼E座7层
邮　　编	100142
印　　刷	三河市京兰印务有限公司
版　　次	2018年5月第1版
印　　次	2018年5月第1次印刷
开　　本	889mm×1197mm　1/32
印　　张	8.75
字　　数	189千字
书　　号	ISBN 978-7-5139-1946-3
定　　价	36.00元

注：如有印、装质量问题，请与出版社联系。

目录

第一章 世界很浮躁，要为自己活 — 001
- 一辈子很短，活着是为了自己 — 002
- 正视生活本身，凡事不要苛求自己 — 007
- 克服自卑，成为内心强大的人 — 013
- 把包袱扔在路边，任人去捡 — 016
- 忘掉不美好，创造新的精彩生活 — 023

第二章 掌握爱的分寸，活得得当 — 029
- 甜蜜的婚恋需要用心经营 — 030
- 婚恋里可以亲密，但不可无间 — 034
- 学会包容，婚恋才会长久 — 039
- 幸福的婚恋需要智慧 — 045
- 平平淡淡才最美 — 051
- 别为了面子输掉了真爱 — 054
- 不要因为年龄大就"恨嫁" — 058

第三章 悦纳自己，积攒正能量 — 063
- 坚持自己的本色 — 064
- 感谢给你泼冷水的人 — 069

不断失去，才会无所畏惧 　　　　　　　　　　073
受得住何等委屈，将成何等人 　　　　　　　077
女人，你要有强大的心理素质 　　　　　　　080
德在于心，懂得自律 　　　　　　　　　　　084
让你的理想激发无限正能量 　　　　　　　　088
善于自省，才会有进步 　　　　　　　　　　093

第四章　修养，是女人永恒的气场源　　　097

修养，一个人精神的长相 　　　　　　　　　098
优雅，一种源自内心的气质 　　　　　　　　102
欣赏别人是一种提升自我修养的本领 　　　　106
有一种美丽连时间都能打败 　　　　　　　　112
知性女子最具魅力 　　　　　　　　　　　　116
勿须多奢侈，只求精致即可 　　　　　　　　120
原谅别人，放过自己 　　　　　　　　　　　123

第五章　永葆魅力，给自己披上优雅的外衣　127

不要把懒惰当作真性情 　　　　　　　　　　128
自信，女人走向成功的法宝 　　　　　　　　132
微笑面对每一个人 　　　　　　　　　　　　136
多读点书，总不是坏事 　　　　　　　　　　140
拒绝诱惑，心贵如常 　　　　　　　　　　　144

CONTENTS 目录

低调是优雅的必要条件　　　　　　　　　　　　*147*

第六章　有事业心，工作的女人最具知性美　　*151*
认真工作的女人最美丽　　　　　　　　　　　　*152*
你工作，不仅仅是为了薪水　　　　　　　　　　*155*
敢于尝试，上进心是生命的动力　　　　　　　　*160*
不要把工作当成苦役　　　　　　　　　　　　　*164*
优秀的女人决不会从男人的口袋里拿钱　　　　　*168*

第七章　世界如此复杂，不要被坏情绪绑架　　*173*
过于情绪化，是不成熟的表现　　　　　　　　　*174*
别为了这点小事垂头丧气　　　　　　　　　　　*178*
郁闷了，不妨发泄一下　　　　　　　　　　　　*183*
用尖叫的方法来解压　　　　　　　　　　　　　*188*
将所有的烦恼"哭"走　　　　　　　　　　　　*191*
不良情绪可以被转移　　　　　　　　　　　　　*194*
在旅行中排遣所有的郁闷　　　　　　　　　　　*200*
减压也需要一定的技巧　　　　　　　　　　　　*204*

第八章　淡定人生，做一个岁月无痕的美人　　*209*
你简单，就会幸福　　　　　　　　　　　　　　*210*

保持淡泊的心态	213
赢家并非"争"出来的	216
不要随便与别人攀比	221
别为难自己，生活才会快乐	225
该放手的时候，就放手吧	230
坦然面对你所遇到的一切	234
退一步便会海阔天空	239
肯吃亏，是一种福气	243

第九章 破茧而出，你就是最好的作品 247

懂得放松，请低配你的人生	248
世上无绝对的幸福，也没有绝对的不幸	254
你完全可以将劣势转变为优势	258
光走别人的路，如何走出自己的路	262
有了想法，才可能会有地位	266
请全力追逐你的目标	270

第一章 世界很浮躁，要为自己活

谁的人生都不可能一帆风顺，谁也不能够做到做任何事情都能让所有的人满意。这个世界本来就是浮躁的，面对同一件事情，不同的人有不同的看法，没有人能够做到让所有人都满意。人生很短，对于你自己而言，你就是全世界，所以，请你只为自己而活。

一辈子很短，活着是为了自己

人活一世，会得到旁人的艳羡，也会得到旁人的厌恶；有些人妒忌你的才华，有些人则对你嗤之以鼻。在这个社会中，每个人都有属于自己的生存法则，外人眼中、口中、心中的你，都不是你所了解的最真实的自己。你，就是你，独一无二的你。

"对于正常人而言，适度的'自爱'属于一种健康的表现。为了参加工作或者实现××目标，适当地给予自己关心，是很有必要的。"这是一个非常有名的医生——史迈利·布兰敦曾经说过的话。

毫无疑问，布兰敦的这种说法是正确的。据调查，现在美国医院的病床上，有一大部分都是情绪或精神出了问题的患者。这些患者有一个共同的特征，就是他们都不喜欢自己，无法与自己和谐相处。由此可见，一个人要想健康地生活，"自爱"是必要条件之一。然而，"自爱"不是"自私"，而是一种对自我的接受与喜欢，一种情感的自我接受，并伴以自重和人性的尊严。

在戴尔·卡耐基的朋友中，有一个认识了很久的女士，她嫁给了一位政治家。这位女士温柔贤淑，待人谦虚谨慎，然而在这样的环境中，她的这些优点被圈子里的人看来全都是缺点。虽然她在外人眼中雍容华贵，但是她却越来越自卑，越来越讨厌自己。

这位女士之所以讨厌自己，源于她无法适应和接受自己当下的生活状态，无法坦然、快乐地接受自己。她最应该做的是，不要拿别人的标准来衡量自己；她首先要明白，一个人只有按照自己的性格和意愿行事才是快乐的，而不是按照别人的要求去行事。她必须明确自己的价值观，自信自强，学会与自己平和地相处。

生活就是这个样子，我们都不是人见人爱的人民币，没有必要为了讨好别人而失去自己的本性。

凯丝·达莱自小就梦想能够成为一名众所周知的女歌星。然而，她并没有得到上天的垂爱，因为她并没有姣好的容颜，而且嘴巴很大，还长有龅牙。在她首次到纽约的一家夜总会唱歌的时候，龅牙的丑陋使她觉得十分羞耻，拼命抿着嘴，想要用上嘴唇遮住它。她希望能够通过这种方式遮掩自己的不足，以此来让自己变得高贵。令她难堪的是，这样反而把自己弄成了四不像。

命运是公平的，有一位男士对她的歌声十分欣赏，同时也直言不讳地指出了她的缺点。那位男士说："我非常欣赏你的表演，也知道你因为自己的龅牙很是自卑。"作为女孩子，听了这样的话她感到万分尴尬，恨不得马上逃离现场。但是，那位男士却丝毫不在意，继续说道："龅牙怎么样？这又不是什么见不得人的事情，你不应该去掩饰它，或者你根本就不应该去想它。你越是不在乎它，就会越自信，观众就越欣赏你。另外，这些让你认为很见不得人的龅牙说不定哪一天就会变成你的另一种财富。"

男士的话对她造成了很大的影响，在接下来的表演中，她完全忽略掉了自己的龅牙，只是专心唱歌。后来，凯丝·达莱这个名字家喻户晓。

有一次，好莱坞十分有名的导演——山姆·伍德对戴尔·卡耐基说，在好莱坞，有很多年轻女演员丢掉个性，去模仿他人，她们宁愿成为一个二流的拉娜·特勒斯，也不愿意成为一个一流的自己。这种行为不仅不会给自己带来愉悦，给观众的感觉也是不伦不类。

对于伍德的观点，戴尔·卡耐基表示赞同。他也能够理解那些通过模仿别人来让自己成功的年轻女演员的想法，但是，这确是一种非常不明智的做法。任何一位因为模仿别人而苦恼的女士向戴尔·卡耐基寻求帮助时，他总会告诉她们这样一句话："做回你自己吧，那是最快乐的，也是最好的。"

大量研究证明，我们每个人都有成为伟人的潜质。那么，为什么我们没有成为伟人？是因为我们的心智能力只用掉了10%，余下的90%还没有被我们所发现。之所以这90%的心智能力没有被找到，最主要的原因在于我们很难做到坚持自我，只有对自己有正确的认知，才能将剩下的这些能量发挥出来。

为什么戴尔·卡耐基离开密苏里州首先就到了纽约？那是因为他一直都梦想自己能够成为一名优秀的演员，而纽约有他向往的学院——美国戏剧学院。那个时候的戴尔·卡耐基比较自以为是，自作聪明地拟订了一个简单、快捷、很容易成功的方案，即认真研究几位著名演员的优点，然后把这些优点全都吸纳到自己身上。这是他这辈子所做出的第二愚蠢的事情了，还有一件最愚蠢的事。于是，他花费了很多年的时间来模仿他人，以至于最后，他才发现自己什么都不是，他根本无法成为别人。而他所能最快做好的，就是他自己。

这件事情对戴尔·卡耐基而言，是一次很惨痛的经历，他下定决心此后只做好自己，再也不去模仿任何人。令他所料未及的是，他竟然又做出了这辈子第一愚蠢的事。那时候，他正准备写一本与公众演说有关的书，他居然又生出了模仿的想法。他搜罗来大量与公众演说有关的书，想要汲取其中的精华，好让自己的书包罗万象，独树一帜。事实证明，戴尔·卡耐基所做的，只是一种不折不扣的傻瓜行径。他妄想把别人的想法变成自己的文字写出来，这种东西有谁会看呢？就这样，他一年的工作成绩全都变成了纸篓中的废纸。

其实，有很多成功女性都是因为坚持自我而取得了傲人的成绩。想必大家都十分崇拜纽约最红、最受人关注的女播音明星玛丽·马克布莱德。

你们不知道的是，当她首次走上电台的时候，也曾尝试着去模仿她喜欢的一位爱尔兰的播音明星，因为这位爱尔兰明星受到了很多人的喜爱。结果却十分遗憾，她的模仿以失败告终，毕竟她只是她，无法成为那位爱尔兰明星的复制品。

后来，玛丽·马克布莱德深深地反思了自己，她决定找回原来的自己。通过话筒，她向所有的听众坦白，她，玛丽·马克布莱德，一名来自密苏里州的乡村姑娘，愿意用她的淳朴、善良和真诚为大家带来快乐。如今，她根本无须模仿任何人，相反，却有大量的人开始模仿她。

请永远铭记：你，美丽的女人，世界上只有独一无二的自己，你应该为此而欢呼，因为没有人可以成为你的替代品。你应该充分利用自己的天赋，因为所有的艺术归根结底都是一种自我的体现。你优美的歌声、曼妙的舞姿、优秀的画作等，这一切只能属于你自己。你的遗传基因、你宝贵的经验、你所生活的环境等，这一切的一切都造就了一个充满个性的你。无论如何，你们都要悉心打理属于自己的这座秘密花园，为自己的生命奏响世间绝美的吟唱。

正视生活本身，凡事不要苛求自己

完美是人们内心深处自始至终都在追逐的东西，然而，它只有在梦中才能实现！因此，我们必须正视生活本身，凡事不要苛求自己。

在现实生活中，有不少人都是过分苛求自己的完美主义者，希望自己所做的每一件事情或所拥有的每一件东西都是完美无瑕的。可是，世界上根本就没有十全十美的事情，于是，他们开始为了不完美而不停地叹息，让自己变成一个整天愁眉苦脸的人。

对于现代女性而言，追求完美几乎是每个人的通病。但是，非常不幸的是，有的人觉得对自己苛刻，是为了更好地追求完美，实际上，她们才是真正可怜而可悲的人，因为她们一直在不完美中追求根本就不存在的完美。

一位著名的女激励大师曾经在演讲的时候，提到了一个女孩。她说:"这个女孩有洁癖,由于担心有细菌,居然经常给自己准备酒精,以便对桌面进行消毒。每次消毒时,她都会用棉花十分仔细地进行擦拭,唯恐会有什么地方漏下。

"可是,人体表面原本就布满了细菌,比如人类的手就可能比桌面更脏呢。对于这些,这个有洁癖的姑娘难道不清楚吗?我真的很想给她一个建议:直接用火将桌子烧了才最干净呢!"

有一对母子走进××餐厅用餐。因为担心餐厅的椅子不干净,他们怎么都不愿意将自己的手袋放到椅子上,而是将其放在了桌面上。不过,他们本人却选择坐在了椅子上。

上菜的时候,餐厅的服务员担心手袋占据过多的地方,会对菜的放置造成影响,就想将手袋放到旁边的椅子上。但是,这对母子却立即阻止了服务员,并且很严肃地说道:"你就别乱动了,我们都有洁癖,担心椅子脏。"

服务员上完菜之后,他们旁边的客人忍耐不住了,询问道:"既然你们都有洁癖,那么为什么还要来餐厅用餐呢?自己在家煮,不是会更放心吗?"

"在我们看来,吃的东西倒是没有太大的关系,但用的东西就要谨慎一点儿了。"

天啊!这样的回答算怎么回事?与用的东西相比,我们不应该对吃的东西更加小心吗?到底是手袋上的细菌会对人造成致命伤害?还是吃进肚子中的细菌会给人造成致命伤害呢?

有一个小男孩犯错了,为此,他的妈妈不断地批评、责备他。因为妈妈的眼中，她应当极其严厉地对待儿子，这样才能帮助儿子培养完美的品格。

有一天，小男孩拿出一张画了一个黑点的白纸，问他的妈妈："妈妈，看这张白纸，你在上面看到了什么？"

"我看到了一个黑点，这张白纸被黑点弄脏了。"妈妈回答。

"但是，这张白纸的其他部分都还是白的啊！妈妈，你总是将注意力放在不完美的部分上，所以你就是一个不完美的人。"小男孩十分天真地说道。

年轻的妈妈这时才恍然明白。

从前，有一个具有强烈正义感的女士，非常痛恨世界上居然会有那么多不义的人，所以她一直想要将那些坏蛋全部杀掉，以让世界变得完美。

有一天，她突然收到了一封特殊的信。这封信是上帝写给她的，在信中，上帝声称，这位女士也不是个好人，因为她的内心极度缺乏爱。

追求完美本身并没有什么错，但是凡事都要有个度，倘若过分苛求自己，反而比不求完美更糟糕。世界上的完美主义者太多了，他们总是那么执着，好像不将事情做到完美无缺就不会罢手。然而，事实往往是残酷的，这类人最终大多会变得灰心丧气。因为世间之事原本就不可能是完美的。因此，对于那些苛求自己的完美主义者而言，从始至终就是在做一个永远无法实现的美梦。

他们会由于一直无法实现自己的梦想而生出很强烈的挫折感，久而久之就会形成一个令人反感的恶性循环，最终让那些苛求自己的完美主义者的意志开始变得消沉，逐渐地变成一个为人处世十分消极的人。

倘若你用尽了心思，最终还是没能如愿以偿的话，那么不妨暂且放下这件事情。这样，你就拥有充足的时间重新对你的思绪进行整理，从而明确下一步应当如何做。"既然做了就应当将事情做到最好"的想法固然没有错，但是倘若太过固执己见，不懂得变通，那么无论你做什么事情都可能会遭遇挫折。因为过于苛求自己，追求完美，反而会令事情变得更加复杂、难以完成。

在日本战国时代，武田信玄是一个深谙作战技能的人才，就连织田信长对他也很畏惧，因此，在武田信玄活着的时候，他们基本上没有对战过。而武田信玄在看待胜败方面，也有自己独特的见解："作战的胜利，胜之五分是为上，胜之七分是为中，胜之十分是为下。"相较于苛求自己的完美主义者，这种想法是截然相反的。他的家臣询问他原因，他是这样回答的："胜之五分能对自己产生激励作用，促使自己再接再厉，胜之七分将会产生懈怠之心，而胜之十分就会产生傲气。"对于这种说法，连武田信玄的死敌——上杉彬也表示赞同。据说，上杉彬曾说："我之所以比不上武田信玄，究其根本就在于这一点。"

实际上，武田信玄一直将"胜敌六七分"作为自己的作战方针，因此，他打了将近40年的仗，从未出现过一次败绩。而别人也从未从他那里抢到过城池。德川家康一直将武田信玄的这种思想奉为圭臬。倘若没有非完美主义者武田信玄的话，那么德川家族不一定会有300年的历史。因为无法对不完美进行忍受的心理，只会给你的生活带来无尽的困难与痛苦罢了。

有些不愿意成为弱者的人，会选择苛求自己，经常逞强地做一些别人期待、自己又无法完成的事情，实际上，这样的人才是真正的弱者。一旦别人对你抱有期望，你为了不让别人失望，非要勉强自己去做，最后才发现，原来，自己还是太软弱了。我们必须承认自己的软弱，唯有这样，你才可能变得坚强；唯有正视生活本身的不完美，才有可能创造美好的人生。

《跛脚王》是一部获得了奥斯卡最佳纪录片荣誉的影片。这部影片讲述的就是身为脑性麻痹患者丹恩的奋斗故事。丹恩主要修读艺术专业，由于没有办法获得雕刻必修学分，差一点儿就无法顺利地毕业。在他学习期间，曾有两位很有名气的教授不留情面地对他说，他这一辈子都不可能成为艺术家。他原本对绘画情有独钟，但却因为这个原因而变得十分沮丧，再也不想画任何一幅画了。

不过，即使是这样，他依旧没有自怨自艾，反而竭尽所能地适应环境，积极乐观地面对生活。最后，他终于顺利地从大学毕业了，获得了家族中首张大学文凭。

"是的，我的确患有脑性麻痹，可是这并不意味着我的人也麻痹！"同样是脑性麻痹患者，并且还担任联合国千禧亲善大使的包锦蓉曾经这样说道。

丹恩曾经说，不少人都觉得残障意味着无用，但是对他来说，残障象征的是：奋斗的灵魂。

　　苛求自己，太过追求完美，只会让你陷入没完没了的麻烦当中。而正视生活本身，不苛求自己追求完美，你却能让自己的生活变得更有意义。到底应该怎么做呢？相信聪明的你必定会做出明智的选择。

克服自卑，成为内心强大的人

何为自卑？斯宾诺莎告诉我们，因为痛苦而将自己看得太低，就是自卑。而自卑感则是一种过低评价自己、妄自菲薄的自我意识。你必须勇敢地站起来，甩掉你的自卑。

通常，自卑者表现为：缺乏自信，总认为自己在某些方面不如他人；大都孤独，缺乏人际交往，不敢正视别人，不敢大胆做事，像一只老鼠一样，走路都要顺着墙脚走。

玛丽凭着杰出的才干当上了部门经理。她属下9个人，男员工占了6个。在给这些男人分派任务时，他们常常还她一个微笑，不多说一句话。玛丽仔细品味着他们的笑意，总感觉那里面充满了轻视。为此她胆战心惊，梦里都在想自己哪里出了问题，以致遭到员工的嘲笑。开会的时候，想好的话，说出来却不是原来的样子，常常闹得自己很不好意思。

玛丽这样的情况就是缺乏自信造成的。

马克思十分欣赏这样一句格言：你之所以感到别人高不可攀，只是因为自己跪着。不信你站起来试试，你一定会发现，自己并不比别人矮一截。克服自卑的最佳姿势就是站起来，扬起你的自信。

1. 自我分析要客观

在进行自我分析时，我们不但要看到自身的劣势，也要看到自身的优势。这对于克服自卑的心理有很大的帮助。人与人的生活、成长环境是不一样的，因为先天与后天方面的差别，自然会在能力与素质方面存在或多或少的差别。任何人都有自己的优势与劣势，不管是在学习中，还是在生活中，抑或是在工作中，我们都应当注意扬长避短。不要总拿自身的劣势与他人的优势做比较。

2. 善于进行自我表现

人为什么会产生自卑感？这与心理封闭有着很大的关系。而心理封闭通常都是在进行自我表现过程中遭遇挫折造成的。这属于思路狭隘、闭塞所致。要知道，天下之事不可能一帆风顺，既有成功，也有失败，成功固然令人欣喜，但失败也并不是没有一点儿益处。当你在与他人进行交往的过程中，遭遇到冷落或者讥讽时，不要伤心，也不要气馁。你最明智的选择是：先让自己冷静下来，然后认真地对失败的原因进行分析，最后用超强的自信与勇气去面对厄运所发出的挑战。这样一来，你就很容易将局面打开。随着时间的推移，成功的经验会越积越多，从而不断地将你的自卑感消除，促使你的自信心得以增强。

3. 正确对待失败与挫折

现代社会纷繁复杂，在实践的过程中难免会遇到失败与挫折。不过，我们正确看待失败与挫折：失败乃成功之母，我们要从失败与挫折中总结经验，认真地吸取教训，从而提升自身的素质与能力。千万不要因为一时的挫折与失败就选择妥协放弃。

4. 对人际关系的改善加以重视，从而为自己创造一个良好的社交环境

在处理与自己一同学习、生活、工作的人的关系时，我们一定要给予足够的重视，要与他们多谈谈心，进行心灵的沟通。另外，在对待其他的人时，我们也应当秉持相互帮助、相互鼓励的态度，友善待人。

5. 注意培养坚强的意志

倘若我们真的存在不足之处，并且我们也知道自身的缺点，那么就应当下定决心进行改正，在实践的过程中锻炼自己坚强不屈的意志。另外，面对外界的不良刺激，我们不用太过计较。

把包袱扔在路边，任人去捡

包袱并不是谁强加于你的，而是你在沿途风景中不舍得丢弃的种种负担。回忆如是、财富如是、功名如是，甚至情感也如是。如果你背负的东西太多，那么就注定你走得不远。

在出家前的头天晚上，弘一法师与学生们进行话别。对于弘一法师能够放下一切遁入空门，他的学生们既觉得十分敬仰，又感觉很难理解。于是，其中一位学生就问弘一法师："老师，你为什么会选择出家呢？"

弘一法师只是淡淡地回答："无所为。"

这名学生接着又问道："忍抛骨肉乎？"

法师笑着回答道："人世无常，如暴病而死，欲不抛又安可得？"

生活在这个世界的人，不管其是否学佛，都深深地明白"放下"具有相当重要的作用。然而，世间却没有几个人能真正地像弘一法师这样做到"放下"。

"放下",这两个字蕴含着一定的禅味。在现实世界中,我们被很多包袱拖累,比如金钱、爱情、事业、财产等。这些东西好像都相当重要,我们似乎不应该放下任何一个。但是,如果你什么都想要,那么最后极有可能会被事物所累,致使什么都得不到。唯有懂得放下的人,才有可能达到人生最高峰。

孟子曰:"鱼,我所欲也;熊掌,亦我所欲也。二者不可得兼,舍鱼而取熊掌者也。"当我们需要做出选择的时候,一定要学会放下。为了获得更高的人生追求,弘一法师选择了放下一切。

丰子恺在谈到弘一法师为何出家时做了如下分析:

"我以为人的生活可以分作三层:一是物质生活;二是精神生活;三是灵魂生活。物质生活就是衣食;精神生活就是学术文艺;灵魂生活就是宗教。'人生'就是这样一座三层楼。懒得(或无力)走楼梯的,就住在第一层,即把物质生活弄得很好,锦衣玉食、尊荣富贵、孝子慈孙,这样就满足了——这也是一种人生观,抱这样的人生观的人在世间占大多数。其次,高兴(或有力)走楼梯的,就爬上二层楼去玩玩,或者久居在这里头——这就是专心学术文艺的人,这样的人在世间也很多,即所谓'知识分子''学者''艺术家'。还有一种人,'人生欲'很强,脚力大,对二层楼还不满足,就再走楼梯,爬上三层楼去——这就是宗教徒了。他们做人很认真,满足了'物质欲'还不够,满足了'精神欲'还不够,必须探求人生的究竟;他们以为财产子孙都是身外之物,学术文艺都是暂时的美景,连自己的身体都是虚幻的存在;他们不肯做本能的奴隶,必须追究灵魂的来源、宇宙的根本,这才能满足他们的'人生欲',这就是宗教徒……我们的弘一大师,是一层层地走上去的……故我对于弘一大师的由艺术升华到宗教,一向认为当然,毫不足怪。"

丰子恺认为,弘一法师为了探知人生的究竟,登上灵魂生活的层楼,把财产子孙都当作身外物,轻轻放下,轻装前行。这是一种气魄,是凡夫俗子难以领会的情怀。

在人生之路上,每个人都需要背负着一定的背囊行走,负累之物越少,走得就会越快,也就能够尽早与生命的真谛进行接触。遗憾的是,我们想要的东西太多太多了,自身无法摆脱的负累还不够,还要给自己增添莫名的烦忧。禅宗的一个公案讲述的就是这样一个故事:

湖南地区住着一位希迁禅师。有一次,禅师问新来参学的一个学僧:"你来自何方?"

这位学僧十分恭敬地答道:"江西。"

禅师接着问道:"马祖道一禅师,你见过吗?"

学僧答道:"我见过。"

然后,禅师十分随意地指着旁边的一堆木柴继续问:"那你看马祖禅师像一堆木柴吗?"

这位学僧不知道该怎么回答。

由于没有办法在希迁禅师这里契入,该学僧回到江西之后又去拜见了马祖禅师,并且将自己和希迁禅师之间的对话讲给马祖道一禅师。马祖道一禅师听完之后,并没有生气,反而淡淡地笑了,并且问这位学僧:"你觉得那一堆木柴大概有多重?"

"我没有认真量过,所以不知道。"学僧答道。

马祖禅师听后大笑了起来,说道:"你的力气确实太大了。"

学僧听后非常吃惊,问道:"为什么这么说呢?"

马祖禅师回答:"你从遥远的南岳背来了一堆柴,难道不是力气太大吗?"

仅仅一句话,这位学僧就当作一个莫大的烦恼执着地记在心中,从湖南一路记到江西,耿耿于怀不肯放下,难怪马祖会说他"力气大"。我们的心有多大的空间能承载下这些无意义的东西呢?

天空广阔能盛下无数的飞鸟和云,海湖广阔能盛下无数的游鱼和水草,可人并没有天空开阔的视野也没有海湖广阔的胸襟,要想有足够轻松自由的空间,就得抛去琐碎的繁杂之物,比如无意义的烦恼、多余的忧愁、虚情假意的阿谀、假模假式的奉承……如果把人生比作一座花园,这些东西就是无用的杂草,我们要学会将这些杂草铲除。

放弃那些虚名与实权,放弃那些烦恼与纷争,放弃那些变质的爱情,放弃那些破碎的婚姻,放弃那些偏见与恶习,放弃那些没有任何意义的应酬……勇敢而大胆地放下,不要像故事里的那位学僧,把一捆重柴背在身上不放手。如果不懂得放下,我们会比那位学僧更可悲,因为我们面对琐碎的生活,需要担起的柴,比他要多得多。

曾经有一个自以为本性善良的人来到寺庙里找到一位高

僧进行请教，他问道："请问高僧，我已经是一个很善良的人了，为什么还是会感到痛苦呢？相反，你看那些在大街上为非作歹的恶人，却没有那么多烦恼，整天活得逍遥自在？"

高僧听完了年轻人的话，慈悲地看着他说："一个人的内心之所以会有痛苦存在，是因为你的内心还存在着和这个痛苦相对应的恶。如果一个人的内心不存在任何恶念，那么他就不会感到痛苦了。虽然你自认为你很善良，但你依然感到痛苦，这就说明你还不是纯粹的善人。而那些被你称为'恶人'的人，他们或许并不是真正的恶人呢。即使他们有时候会为非作歹，但却能快乐地活着，至少说明了他并不是一个纯粹的恶人。"

年轻人觉得很冤枉，不服气地说："大师，他们每天在镇子上为非作歹，您竟然说他们不是恶人？我经常帮助那些需要帮助的人，您竟然认为我是一个恶人？这是什么道理啊？"

高僧看着这个内心挣扎的年轻人，笑着说："内心无恶则没有苦，既然你的内心充满了痛苦，也就说明你的内心还存在着一定的恶念。好吧，现在你就将你的痛苦跟我说说吧，我来帮你分析一下，你的内心到底存在着怎样的恶念！"

年轻人将自己多年来的苦恼全部告诉了大师："我的痛苦有很多！比如，我想要救济街上的乞丐，但是又总感觉自己的钱不够花；总想收容那些流浪汉，但却觉得房子不够宽敞；我经常遇到烦恼，想要找一个人倾诉，却总是感觉自己的家人不够理解我。所有的一切都让我感到不顺心，因此我常常感到不快乐，总是想尽各种办法去改变这种生活现状，但是却无济于事。可是你看有些人，他们不像我有善心，更没有我聪明，他们甚至什么也都不懂，却能腰缠万贯，我真的感到很不服气。"就这样，一句又一句，年轻人将自己这么多年，堆积在心里的痛苦一下子全都倒了出来。

高僧一语不发地听着年轻人说话，不时地点点头，有时候还会微微笑一下，显得更加慈祥。高僧看着年轻人停止了控诉，倒了杯茶给他。于是便和颜悦色地说："你看，只是这几句话，你便把你的恶念全部暴露了出来。你想，以你目前的积蓄养活你们全家应该没有问题，而且你们家有房住，不会有流落街头的危险。但是，你却总是和他人相比，因为别人的富有而感到心理不平衡，这就是你的一个恶念，它的名字叫作贪心，就是它让你这么痛苦的。假如你能克服自己内心的贪念，那么你就不会再痛苦了。还有，当你看到那些不如你的人腰缠万贯的时候，你觉得很不服气，这就是你的第二个恶念，名为嫉妒。当你遇到麻烦，想要找人倾诉，却感觉自己的家人不够理解你的时候，你就变得烦躁、生气，这又是另外一种恶念，这是缺乏包容心的表现。你想想，虽然他们是你的家人，也算是你最亲近的人，但他们并不是你肚里的蛔虫啊，每个人都有自己的思想和观点，你不能要求所有的人都与你的思想和观点保持一致。要知道，缺乏包容心的人心胸就会变得狭隘，这也是恶念的一部分呢。"

高僧面带微笑，继续说道："不管是贪念也好，嫉妒也罢，抑或是心胸狭隘，所有的这些都是恶念的组成。你瞧，你的内心还存在着这么多的恶念，因此才会让你感觉到如此痛苦。如果你彻彻底底将自己内心深处的这些恶念去除，那么你也就没有那么多的痛苦了。"

如果你能够将多余的包袱扔在路边，不为外界的一切虚无表象所迷惑与困扰，那么你的内心就不会存在任何的恶念，这样就能够达到真正的平静；你的内心也就不再充满痛苦，被快乐包围，即使所处的外界环境与自身多么不和谐，最终也能够做到泰然处之，届时，你就真正地归于了平静。即使在你追求成功的道路上遇到许多的坎坷和挫折，只要你的心中充满了希望，那么你就不会受外在环境的干预，最终一定能到达成功的顶峰。

忘掉不美好，创造新的精彩生活

将太多的时间与精力放在悼念已经枯萎的花朵上，是一种非常不明智的选择。人生之路还很长，前面还有更多娇艳的花朵，吸引着我们继续前行……请忘记曾经的不美好，全心全意地创造新的精彩生活。

我们活在当下，面向未来，曾经的一切早已逝去，并且再也不可能复返。因此，我们不应该对曾经那些不美好、不愉快的往事或者纷争念念不忘。否则，我们的心灵就会被其腐蚀，从而变得异常怨怼与偏激。

大家都知道，在伟大的文学大师鲁迅先生笔下有一个很有名的人物——祥林嫂。祥林嫂疼爱的儿子被狼叼走之后，她非常痛苦，犹如刀绞一般。于是，不管遇到什么人，她都会将自己的不幸说一遍。刚开始的时候，对于她的遭遇，人们还是比较同情的。但是她反反复复地讲述自己的不幸，令身边的人开始厌烦，她本人也更难受了，以至于最终都麻木了。一而再再而三地将自己的痛苦讲给别人听，就会使自己长时间陷入那些痛苦中不能自拔，从而承受更长时间的折磨。

当然了，我们并非提倡采用逃避的心态，完全不去理会，而是说，一方面，情感不宜长时间停留在痛苦之事上；另一方面，我们应该多在困难与挫折中寻找突破口，尽可能地去克服它。

学会忘记不美好，能让我们将心中的烦恼与不良情绪放下，让我们在不如意的时候，有时间喘一口气，从而更好地恢复自己的体力。

哲人康德是一个深谙"忘记不美好"的人。当他在偶然机会下发现自己最为信赖的仆人兰佩，一直暗地里打自己财物主意的时候，就将其辞退了。但是，康德对他又很怀念。于是，他就在自己的日记上写下："记住！必须忘掉兰佩！忘记那些不美好的事情！"

实际上，想要真正地将不美好的往事忘掉，并非一件十分容易的事情。不过，当你想起它的时候，一定要懂得不让自己陷入悲伤的情绪不能自拔，一定要防止自己再次坠入恐惧、愤怒、怨恨的哀愁中。这个时候，你最明智的选择就是：转移注意力做其他事情，比如出去运动一下或者给自己一次旅行等。有一首很有名的禅诗是这样说的：

春有百花秋有月，夏有凉风冬有雪。

若无闲事挂心头，便是人间好时节。

倘若一个人学会了"忘记不美好"，那么不开心就会自动消失，取而代之的便是蓬勃的朝气与耀眼的光辉。很多时候，懂得遗忘就是一种心灵上的解脱，是一种促使伤口快速痊愈的灵丹妙药。

一位年纪很大的老头在日记本上写下了自己对生命的感悟：

"倘若我能够再活一回，我会尝试更多的错误。我不会总是沉浸在过去，而忽视了未来。我愿意好好休息，随遇而安，在为人处世方面糊涂一点，不对曾经的不美好而悲伤或者难过。其实人生那么短暂，实在不值得花时间不停地缅怀过去。

"可以的话，我会朝未来的道路前行，去自己没去过的地方，多旅行，跋山涉水，危险的地方也不妨去一去。以前我经常因为已经发生的些许小事情而懊恼，比如因为丢了东西而深深责备自己，一遍一遍假设要是把东西事先交给××就好了，然后很长时间都在为丢失的东西心疼。这个时候，我真的非常后悔。以前的生活，我过得实在是太谨慎小心，每一分每一秒都不允许有所失误。稍微有了过失就埋怨或批评自己，还用同样的态度去对待别人，一遍一遍叨唠别人不对的地方。

"如果一切可以重新开始，我不会过分在意宠辱得失，我也不会花很长的时间来诅咒那些伤害过我的人。诅咒或者伤悲都没有改变事实，还消磨了我生命中不多的时间。我会用心享受每一分、每一秒。如果可以重新来过，我只想美好的事情，用身体好好对世界的美好和谐进行感受。还有，我会经常去游乐园玩木马，经常去看日出，与公园中的孩子一起玩耍。

"如果人生可以从头开始……但我知道，不可能了。"

人生没有很多如果，人的生命和时间总是有限的，当你看完老人的日记以后也许就能明白为什么很多老人总是会有一副安详的表情，不急不躁，不过喜也不大悲，因为他们懂得时间的宝贵，把珍贵的时间用来感伤过去，那是在浪费生命。忘记过去，生命应该有更好的价值可以实现。

一位哲人曾说："每个人都有错，但只有愚者才会执迷不悟。"事实的确如此，生活中有两种爱抱怨的人，一种是爱抱怨别人的人；另外一种则是喜欢抱怨自己的人。前者还比较容易清醒，后者则经常执迷不悟，一旦认为自己错了，就意志消沉，不再振作，让抱怨在心里生出"毒瘤"，并任由这颗"毒瘤"毁掉自己的一生。

在一个村庄中有两个不务正业的年轻人。有一天，他们两个人约好一同去偷羊，但在偷羊的时候却被主人当场抓住了。

根据当地的风俗：只要是偷窃的人，就一定要在其额头上刻上字。于是，英文字母ST，即偷羊贼（Sheep Thief）的缩写，被刻在了这两个年轻人的额头上。

这让两个年轻人感到非常羞愧，其中一个年轻人因为不能忍受来自他人嘲讽的目光，就选择了离开家乡到别的地方生活。可是，不管他走到什么地方，总会招来很多人好奇的目光与询问："为什么你的额头上会有字母呢？那字母是什么意思啊？"这个年轻人因为这个原因而感到很痛苦，一辈子都闷闷不乐、郁郁寡欢。

另外一个年轻人刚开始时也由于自己额头上的字母而感到万分羞愧，他也曾产生过远走他乡的想法。可是，他在经过十分慎重的考虑之后，最终做出了留下来的决定。他下定决心用自己的实际行动来对这份耻辱进行洗刷。

转眼,几十年过去了,这名年轻人终于为自己赢得了很好的声誉。他善良而正直的品行得到了大家的交口称赞。有一名路过此地的外乡人看到这位白发苍苍的老者额头上的字母时,觉得十分好奇,便向当地人询问。当地人说:"时间隔得太久了,我也记不清了。不过我估计是圣徒(Saint)的缩写吧!"

俗话说:"人非圣贤,孰能无过。"没有人可以一生都不犯错误,犯下错误并不可怕,可怕的是犯下错误之后,不懂得"遗忘",不懂得及时改正,只是一味地沉浸在抱怨与痛苦之中。

命运对于每个人而言都是公平的。只要你懂得忘记曾经的不美好,认真吸取教训,勇敢地前行,那么你一定能创造出新的精彩生活。

第二章 掌握爱的分寸，活得得当

恋爱是一件极其美妙的事情，若处理得当，你将享受春天般的温暖与甜蜜；若处理不当，你只能坠入痛苦的深渊。婚姻亦如此。如何才能成为婚恋的宠儿，让你恋爱甜如蜜、婚姻幸福美满呢？答案很简单，你必须掌握好爱的分寸，活得得当。

甜蜜的婚恋需要用心经营

每次看到相爱的两个人彼此相互关心，竭尽全力地为对方付出的时候，我们都会深深地感受到：这两个人经营的婚恋是那样的幸福！

每一个女性都希望拥有一段甜美的爱情，拥有一个幸福的家庭，但是在现实社会中，却有很多对情人不能走完爱情之路，很多对夫妻半途就分道扬镳了，于是，原本甜美的爱情变成了苦酒，幸福的生活变成了恐怖的坟墓。

姗姗是一个典型的80后女孩儿，当初她为爱痴狂，不顾父母的反对与自己心爱的男子结婚了。但是，结婚没几年，姗姗就开始觉得，生活简直太无聊了，自己的丈夫也不是当初所期望的那样。于是，她总是向身边的朋友抱怨自己生活的不幸福。不管在什么时候，她总是将对婚姻的厌倦表现在脸上，即便面对丈夫时也是如此。不过，她又不愿意离婚，所以只能每天生活在"痛苦"中。姗姗的生活状态很容易让我们联想到鸡肋,食之无味,弃之可惜。

恋爱之所以让人向往,是因为它甜蜜、浪漫;婚姻之所以残酷,是因为它会将所有的甜蜜与浪漫扼杀。因为在婚姻里,我们不能够再掩饰和躲藏,时间一长,就会发觉,在希望与现实之间,爱情的香气逐渐飘散,渐渐离我们远去。乏味的婚姻生活一天天熬过来,"离婚"一次次冲击着我们的大脑,但最终都是"不离"占了上风。

那么,为什么姗姗的婚姻会变成这个样子呢?原来,姗姗的工作比较繁忙,一周就休息一天,而且还经常加班,而她丈夫的工作相对就比较清闲,基本上不会加班,而且一周还休息两天。所以,家里所有的事情都是丈夫一个人在做,姗姗基本上一回家就可以吃饭,吃完饭就开始看电视,玩电脑,直到深夜睡觉。即便到了休息的时候,姗姗也总是窝在家中睡觉,丈夫想要与她出去游玩,她大多时候也会以很累而推脱掉。

或许是由于工作繁忙,压力比较大,姗姗的脾气逐渐变得十分暴躁,经常因为一些鸡毛蒜皮的事情,与丈夫大吵大闹。为了尽可能地不再让两个人的吵架升级,所以,在姗姗大发脾气的时候,丈夫总是保持沉默,不说一句话。慢慢地,姗姗就懒得和丈夫争了……

在这个世界上,有太多的女人生活在不如意的婚姻中,不信可以细数一下身边的朋友,她们十之五六都是如此,不想离婚,却又感觉自己不幸福。婚姻由此变成鸡肋,食之无味,弃之可惜。

女人们,其实爱情是需要经营的,而经营爱情就如同保养一辆车一样,需要及时检修;就像种植一棵树一样,需要适时为它浇水、施肥，它才能够茁壮成长。在婚姻中最关键的是两个词语：沟通和理解，因为沟通才可以理解，理解才可以包容。

在婚姻中，两个人需要用欣赏的眼光看待对方。虽然这样说，但是大多数人在结婚之后就不像婚前那样关注对方、重视自己了，面对无动于衷的丈夫，女人总是感觉自己非常委屈、气恼。于是，不少失意的妻子想要证明自己的魅力，填补内心的空虚，开始到婚外寻找懂得欣赏自己的"爱人"。但是，这种做法是每一个丈夫都不能接受的。

婚姻需要保养，爱情需要保鲜。女人们，当你们的婚姻出现问题的时候，是不是需要回头想一想自己身上出现的问题呢？婚姻生活需要两个人共同经营，不要因为自己的冲动而抱怨和指责，试着让彼此冷静下来，好好想一想，让彼此的双手架起爱的桥梁，相信彼此的努力一定可以找到属于自己的幸福和快乐！

婚姻需要彼此时不时地给予保养，爱情更需要时不时地进行保鲜，而不是在进入婚姻殿堂后便忽视对方。为彼此创造一个广阔的空间，时常梳理并用心经营自己的婚姻，而不要为自己找借口回避自己的责任。在婚姻出现问题的时候，需要的不是抱怨与责备，也不是诉说自己付出了多少，因为爱情是不需要理由的，爱情更不祈求回报，重要的是自己怎样做。当你发觉对方不对劲时，可以静下心来与丈夫谈谈，认真地想一想自己为婚姻付出了哪些？而丈夫又付出了哪些？

女人们，当婚姻变成"鸡肋"时，如果你还留恋"鸡肋"的香气，那就要将你的关心传递给对方，让对方知道你是在乎他的,试着与对方一同找回曾经有过的激情。不要一味地要求对方改变,那样会让你产生挫败感。既然选择了婚姻,选择了他,就应该洞察他的缺点,就应该学会接纳与包容。

婚恋里可以亲密，但不可无间

有人说："感情就像手中的沙粒，握得越紧，悄悄溜走的越多。"但是也有人说："太过放纵感情，也是对感情的不负责任。"聪慧的女人，懂得婚恋里可以亲密，但不可无间；懂得始终保持最佳距离，让感情持久恒定。

一对天天在一起的情侣，总会怨声叹道："你整天黏着我，我都被你烦死了。"

一对分隔两地的情侣，却天天喊着："天天在想你，折磨死我了。""要是天天能看到你，那该多好啊！"

有很多女人，只要恋爱了，就盼望能与恋人之间亲密无间，结果往往是走得太近，让爱情快要窒息。而有些女人，让爱情有了距离感，却失去了彼此的信任，这个距离成了一颗定时炸弹，随时都可能把两人的感情炸得四分五裂。

阳光在一家图书公司做策划工作，前不久认识了一个女孩,彼此都有好感。女孩热情开朗、善解人意,阳光比较内向,很快被她的健谈和大胆吸引了,但约会没几次后,阳光沮丧地发现,他很不适应。

女孩随时随地给他打电话,问他在做什么,如果说不方便接,她就发短信不停追问,如果说在开会,她就会帮忙叫快餐说怕他忘记了;如果他约会迟到了,不等开口,她就很理解地说:"塞车时十分烦吧,快,先喝口水。"

阳光开始很享受这样的贴心,但后来慢慢就吃不消了。

他开始不断地胡思乱想:"她为什么会这样热情,是不是因为我现在还年轻,并且拥有不错的事业呢?"当然,大部分时候阳光还是觉得她是个单纯的女孩,但是他又有另外的担心:"她对我这么好,而我目前只想发展我的事业,不愿意陷入爱情的漩涡里不能自拔。"

于是,越是不能给她对等的关怀与回报,阳光便越是内疚不已。渐渐地,阳光心中的这份沉重感已经让他心中的爱情变了味,原本与恋人见面的那种轻松也逐渐演变成了一种负担。

聪慧的女子不会做这样的傻事,她们懂得适当的距离才能保持爱情的活力。任何一个人,都有自己的自我空间,无论处于什么状态、在哪里,这个空间都要由自己把握,否则一旦被打破,就会有一种紧张不安的感觉,甚至失去自我,为了维护这样的空间,他们宁愿放弃感情。

很多女人结婚后,便不停地围着丈夫转,并要求全盘掌握行踪,丈夫有什么心事,必须跟她讲;丈夫有个应酬,必须向她汇报,恨不能变成丈夫肚子里的蛔虫。她们所谓的爱,反而会招来丈夫的厌烦。

所以要想得到长久的爱情，爱人们在心理上一定要保持一种适当的距离，而聪慧的女子，会在距离中让自己充满神秘感，充满不可抗拒的吸引力和不能抑制的诱惑。

女人们，不要总是嫌弃你的另一半这里不好、那里不好，也不要指使你的另一半做这个、做那个，以便能将对方改变成你心目中的完美人物。要知道，每个人都是独一无二的，给予对方充分的自由，才是两人和谐相处的秘诀。

在35岁之前，英国著名的政治家狄斯累利一直是一个单身汉，后来，才向一个拥有万贯家财的寡妇求婚的。这个寡妇居然比他大15岁，可以说是已经年过半百了，而且头上满是白发。他与她结婚是因为爱情吗？答案是否定的。而她对此自然也非常清楚，他并不爱她，而是为了她的财产才将她娶回家。所以，她提出了一个要求：她让他再等自己一年，以便她有机会对他的人品进行考察。一年以后，她与他结婚了。

狄斯累利选择结婚的这个寡妇虽然非常有钱，但是她已经不年轻，也不漂亮，更不聪明。她说话的时候经常错误百出，凸显出她在文学以及历史方面的知识相当贫乏。比如，她从来都不知道历史上到底是先有希腊人，还是先有罗马人。她在服饰方面的审美观非常奇怪，而且她对于家庭装饰的偏好也是相当奇特的。然而，在对婚姻生活中最为重要的事情进行处理的时候，也就是怎样对待男人方面，她却是一个无人能比的天才。

她不会想着在智慧方面与狄斯累利比拼。当狄斯累利与那些非常聪明的女公爵们周旋了整整一个下午,拖着疲惫不堪的身体回到家后,妻子玛丽·安妮会与他说一些家常话,帮助他放松下来。于是,家就成了狄斯累利寻求心神安宁的场所,而且他还能够尽情地享受玛丽的宠爱。他对这个家越来越喜欢了。狄斯累利在与这个年龄比自己大的妻子相处的过程中,深刻地感受到了快乐,这也是他一生之中最快乐的时光。妻子不仅是他的伴侣,更是他的亲信,同时也是他的顾问。每天晚上,狄斯累利从众议院匆忙赶回家之后,都会将这一天所知道的新闻告诉她。而且最重要的是,不管狄斯累利做什么事情,妻子玛丽都对他非常信任,认为他肯定会成功。

玛丽30年来只为了丈夫狄斯累利一个人而活,甚至她自己的全部财产也只是为了让丈夫狄斯累利生活得更为舒适一些。而她所得到的回报就是,自己成为了丈夫狄斯累利心中的女神。在玛丽去世之后,狄斯累利才被册封为伯爵;而当狄斯累利还仅仅是一个平民的时候,他就向维多利亚女王提出请求,晋封妻子玛丽为贵族。于是,在1868年,玛丽被册封为贝肯菲尔德女子爵。

虽然玛丽经常在公共场合表现得十分愚蠢,同时也非常笨拙,但是,狄斯累利从来没有对她进行过批评。他从来没有对她说过一句责备的话,倘若有人敢对玛丽进行讥笑,那么狄斯累利会马上站出来,言辞极其激烈而忠诚地为玛丽进行辩护。玛丽并不是一个十全十美的人,可是在与狄斯累利结婚的30多年中,她总是不知疲惫地谈论自己的丈夫,对他进行赞美和夸奖。对此，狄斯累利说道："我们结婚已经有30多年了，可是，我从未对她厌烦过。"（有些人由于玛丽对历史一窍不通，就认定她是一个十分愚笨的人而厌烦她。）

对于狄斯累利来说，妻子玛丽是他一生之中最为重要的人。因此，玛丽经常对自己的朋友们说："对于他的爱，我十分感谢。他让我的生活变得更加精彩，成了永不谢幕的喜剧。"他们两个人还常常会开个小玩笑。狄斯累利说道："你心里也清楚，不管怎么样，我都只是为了你的财富才与你结婚的。"玛丽则会微笑着说："没错，的确如此。但是倘若你可以从头再来的话，那么你就会为了爱情而与我结婚，对不对？"而狄斯累利对此也明确承认。玛丽并非一个完美的人，但丈夫狄斯累利却十分聪明地给了她自由，让她保持了自我本色。

就像美国大文豪亨利·詹姆斯所说的那样："与别人进行相处的时候所要学习的第一课，就是不要对别人寻找快乐的特殊方式进行干涉，倘若这些方式并未对我们产生比较强大的阻碍的话。"或者如美国作家里兰·弗斯特·伍德在自己的作品——《在家庭中共同成长》中所说的那样："如果不想婚姻失败，那么绝对不只是寻找一个好配偶，而是你自己也应当成为一个好配偶。"因此，倘若你想要自己的家庭生活变得幸福快乐的话，那么请记住这一项原则：不要改变你的伴侣，给对方自由。

总而言之，聪慧的女人心胸宽广、尊重隐私、信任爱人、珍惜自己，她们很好地划分自己的感情，八分用来爱别人，两分用来爱自己，从不迷失自我、放弃尊严。这样的女子，怎能不让男人尊重和爱慕呢？

学会包容，婚恋才会长久

不管是正处于热恋的情侣之间，还是已经步入婚姻殿堂的夫妻之间，都应该相互包容，唯有这样，婚恋生活才会长久，才会幸福！

据《淮南子·说林训》记载："夫所以养而害所养，譬犹削足而适履，杀头而便冠。"削足而适履意为由于鞋子太小，脚丫太大，因此就将脚丫削掉一块，好让脚可以穿下鞋子。通常用来比喻那些不合乎情理的凑合或者是不符合逻辑的生拉硬套。

提到爱情，很多女人都认为需要削足适履才可以长长久久，可是关于这一点，每一个人的见解都不尽相同——有些人支持，有些人反对，还有些人保持中立。其实，与其说爱情需要削足适履，倒不妨说是互相包容。削足适履或许可以让爱情的长度延长，但是却不见得就一定能够得到幸福，甚至幸福到底。在有些人看来，削足适履的爱情并不会得到真正的幸福，因为这相当于一种毫无条件的退让与迁就，如此一来，时常退让的这个人就会变得越来越没有原则，失去一个人本身应有的立场。这样的行为与做法本身就是一种不合理的迁就，当一个人连自己的立场都不能站稳的时候，她的感情还有什么持久可言呢？

我们千万不可以错误地把削足适履与"适应环境"混为一谈，适应环境是不能等同于相互适应与包容的。但是爱情本身是需要双方相互包容的，如此一来，感情才会和睦，婚姻才会更幸福。

A先生与他的太太已经结婚30多年了，但两个人的关系仍然十分和睦恩爱，是远近闻名且令人羡慕的模范夫妻。

据A先生回忆，他与太太刚结婚的时候，他还是一个什么都没有的穷小子。虽然他们连一处新房也没有，只能住在租来的房子中，生活十分艰苦，但是，他的太太对他的现状采取了包容的态度，并且认为：只要自己与丈夫共同努力，他们的生活一定会幸福的。

为了尽快赚够钱买房，A先生每天都拼命地工作，不能经常陪太太，他的太太对此毫无怨言，在生活中无微不至地照顾着A先生。而A先生也尽可能多地抽出时间陪太太一起散散步、逛逛街。

从性格上来说，A先生是一个看上去很严肃，不会花言巧语的人，而他的太太则是一个性格温和、十分贤惠，而且还富有人情味的人。但他们却能够做到相互包容，让截然不同的两种性格竟然变成了和谐的互补，从而幸福地生活在一起。

第二章　掌握爱的分寸，活得得当

　　A先生与他的太太因为相爱并且懂得相互包容，所以相处得十分融洽，他们的婚姻生活也十分幸福。由此可见，爱情是需要相互包容的。不过，在现实生活中，原本相互吸引逐渐走到一起的两个人，在甜蜜的时光过后因为不能够相互包容而分开的例子也是屡见不鲜的。当你的感情或者婚姻生活遇到难题的时候，千万不可以采取削足适履的方式来解决：这样做或许可以让矛盾暂时得到缓解，但是却可能留下永久的遗憾。而相互包容的爱情才可以走得更加长久。

　　有这样一对夫妻，最开始时，他们身边的每一个人都不看好他们的婚姻。他高，她矮，他帅，她丑，他脾气暴躁，她性情傲慢，还有就是她比他大三岁。虽然两个人有很多不和谐的地方，但是他们最终冲破重重阻碍，走到了一起。

　　不过，在结婚之后不久，他的缺点一点点暴露出来了。他的性子非常急，总是为一些小事就发脾气，甚至争得脸红脖子粗。在极度愤怒的时候，还会拍桌子、砸东西，她似乎变成了他的出气筒。

　　他每一次冲着她大喊大叫，她都不会争执，也不辩解，只是默默地转身走开，来到厨房，倒上一杯白开水，看着自己手里的杯子中冒起袅袅白烟，她的眼泪都要流下来了。

　　十分钟过去，白开水凉了。他在她的身后叫得口干舌燥，她端着温热的白开水，转身对他说："喝点水吧，压压火。"他端起杯子一饮而尽，随之火气也被浇灭了。

　　他平静下来时，她劝他："你何必发那么大的火气呢？伤己伤人，事情原来不就应该是那样……"

他听着她的话,心服口服。一遇到事情就发火,已经是理亏,更何况她说的的确很有道理。

最后,她说:"既然你知道自己错了,那就写一份检查吧。"他非常听话地拿起笔,认认真真地写起来。

没几天,这样的事情再次上演。当遇到事情的时候,他还是没有办法控制住自己的坏脾气。此时的她还是一言不发,眼含着泪花,倒一杯白开水,等到十分钟过去之后,她再用水浇灭他的怒气,之后,再让他写一份深刻的检查。

他异常愤怒的吵骂声,让周围的邻居都很为她抱不平。

有一次,一个邻居问她:"他的脾气这样暴躁,动不动就对你发火,你怎么能咽下这样大的委屈?"

她想了一下,说:"因为爱他,也就能够包容他身上别人所不能够包容的缺点,再说,他的身上也还有很多优点啊。"邻居听到她这样说十分惊讶。

这些话终于传到了他的耳朵里,他不禁一愣。他从来都没有想过,他发火的时候,她需要承受如此大的委屈?一杯开水凉下来的十分钟时间里,她要经历多少忍耐,来抵制当时自己为她带来的伤害?拉开抽屉,抽屉里面躺着他曾经写过的十几份检查。他对她发过多少次脾气?自己早已经记不清楚了。他悔恨地用拳头敲打着自己的头。

后来,再想要发火的时候,他不等她转过身,就自己走到厨房倒一杯白开水,端在手里,看着热气不断向上升腾,等到十分钟过去之后,他就将水一饮而尽,火气也随之消去了一大半。

她用一种诧异的眼神看着他。

他笑着说:"从今以后,不要想着再让我写检查。"

大家将他的变化看在眼里:他的脸上笑盈盈的,家里面总是传来一阵阵爽朗的笑声。在公司,他与同事之间的关系也越发融洽了……

和谐婚姻的维持需要彼此宽容、包容,懂得忍让。退一步海阔天空,忍一时风平浪静,这是爱情信条。在婚姻生活中,双方似乎更在乎彼此关系的和谐与家庭生活的幸福,在大多数时候,只有爱与宽容才可以将婚恋中隐藏的危机化解,并且让彼此的生活越来越好。

正所谓"一日夫妻百日恩"。婚姻将两个人拴在了一起,那么就应该对对方尽到一定的责任和义务。既然两个人可以走到一起,那还会结下什么样的深仇大恨呢?一对夫妻结婚多年,两个人在性格与能力方面都会有所改变。对方有不足之处,应该尽力去弥补,自身的优点应该发扬,不要总是要求别人和你一样,因为你身上所具备的优点,或许正是对方的缺点,应该用自身的优点,尽力弥补对方的缺点。

爱是一种包容的体现,需要用博大的胸怀容纳对方。当一个人爱上另外一个人时,或许就注定了要付出与承受太多的苦痛,就算知道这样的付出并不会有回报,却还是义无反顾,无悔无怨。真爱的内涵和本质,并非莽撞少年时期的信口承诺,也并非花前月下时的卿卿我我,而是不经意间的会心一笑,便可以触碰到彼此心灵的深处。爱情的美丽和可贵,并非海誓山盟,而是在婚姻生活中的包容与谅解。

毕竟,爱情是需要相互之间了解与适应的,最初相识的感觉并不会停留太久。其实,一见钟情也不见得就会两情相悦,因为两情相悦是两个人相互理解、适应之后的结果,是两人逐渐磨合之后的产物,而这种磨合是以包容为基础的,并非简单地"削足"。

综上所述,女人应该记住这样一段富有哲理的话:爱情是这个世界上最崇高、最伟大的感情。这种感情并非从建立之初就不曾枯萎、永不凋谢,它需要用心浇灌、施肥,更需要包容,才可使之充满活力,让人有前进的动力,让人感觉到快乐,让人体会到幸福。真正的爱是保留在心间的,不一定是浪漫的,但一定是真挚的;真正的爱需要用心去体验,虽不需他人的信任,但是需要他人的验证;真正的爱,不可以用所谓的道德标准来规范,只要彼此心灵相通,只要能够相互理解,真心地对待、包容对方的一切,就已足矣。

幸福的婚恋需要智慧

幸福的婚姻并不是什么人都能得到的，只有聪明而富有智慧的人才深刻地懂得夫妻的相处之道，才会有幸福的婚姻。

有的时候，等待爱情就像是到甘蔗地里去挑一根最大最好的甘蔗一样。一个人走在茂密的甘蔗地里，刚开始看到一根大甘蔗，但是又不敢拔下来，因为不确定后面还有没有更大更好的甘蔗。于是，他走啊走啊，挑啊挑啊，直到走出了甘蔗地也没有找出那根最大最好的甘蔗。爱情亦是如此，你在等待的过程中，很可能就已经把最好的给错过了。

在爱情与婚姻的道路上，我们可能会遇到一些坎坷，很多人都会碰到感情失意的时候，所以，想要找到那根又大又好的甘蔗是需要一点机会的，或者说是需要运气的，但最重要的是要懂得婚恋中的智慧。

一天，一位正在云游的禅师在路边遇见一个年轻男子，男子正在路边放声大哭。禅师走到他身边，问他："年轻人，你为什么哭得如此伤心？"

年轻人答道："我的恋人离开了我，我失恋了。"

禅师说："看来你只不过是个糊涂人而已。"

小伙子听到禅师的话不禁有些愕然，他停止了哭泣，气愤地质问："师父你好不厚道，我都已经如此伤心，你为何还要取笑我？"

大师摇摇头，笑着说道："小伙子，是你自己在取笑自己啊。"

见年轻人不解，禅师又说："你哭得如此伤心，说明你心里还是爱她的，既然她离开了你，那就说明她肯定已经不爱你了，不然她不会那么决绝地离开你。其实在你们俩中间，幸运的是你，你没有失去你的爱，只不过是失去了一个已经不爱你的人而已。真正该哭的应该是那个离你而去的人，她不仅失去了你，还失去了你对她的爱！"

年轻人听完禅师的话，猛然醒悟，感谢禅师让他对自己的感情大彻大悟。他站起来，对禅师深深地鞠了一躬，然后就走回家了。

有的时候，爱情就好像你在路上等公交车，你心中有一个目的地，但是过往的车辆那么多，到底哪一辆才是你该上的呢？有的便利快捷，但是很长时间才能来一趟，如果想等到，需要运气和毅力；有的往来频繁，但是却不能直达，需要中途再转乘；有的车次途经的道路曲折漫长，不知何时才能抵达；有的车过站不停，偏偏你等待的站牌又不对；有的车轻松舒适，随时停靠，却开不到你心中的目的地……

看起来根本不存在一辆百分百合适的公交车，在这样的情况下，有人不情愿地挤上车，茫然不知所措地走完全程；有的人在慌忙之中上错了车，发现以后又匆匆忙忙地下车；有的人贪恋路上的风景，错过了目的地，却意外地收获了一路美好的风光……

年轻的时候，我们都抱有无畏的希望，义无反顾地等待心里那辆理想的公交车，尽管它班次稀少，可遇不可求。在漫长的等待中，人们逐渐失去耐心，有的人随便上了一辆路过的公交车，有的人还在苦苦等待，但却不知道自己等待的那辆车早已经停驶了，但是愿赌服输，既然是自己的选择，那么这样的结果就应该由自己承担，没有什么可抱怨的。

当然，等车的时候也会有一些令人意想不到的事情发生，比如有的人刚刚上了一辆自己委曲求全选择的公交车，蓦地回头，却看见他心中期盼的那辆公交车竟然就在后面不远处缓缓开来。他亲眼看着那辆车不疾不徐地停靠在站牌前，车灯一明一灭，似乎在嘲笑那些没有耐心、三心二意的人。有些刚刚赶来的行人从容不迫地走上车去，却对自己的幸运浑然不觉。

我们用等待公交车的过程来比喻等待爱情的过程，但公交车始终只是公交车，我们登上公交车，需要的只是一张车票而已，公交车没有感情，对我们更不用承担任何责任，人们可以每天重复地乘坐不同的车。但是感情是不一样的，感情是有责任的，两人之间的关系并不只是一纸契约，一旦接受你就必须承担起责任，那么在选择该上哪辆车的时候是不是应该看清楚一点呢？等车人应该对来来往往的车辆时刻保持一颗清醒的头脑，不要等到迫不得已的时候再登上一辆本不属于自己的公交车。换句话说，想要抓住恋爱的机会是需要一点儿运气的，一旦涉及婚恋问题的时候就需要一点儿智慧了。

有人说婚姻生活就是开门七件事：柴米油盐酱醋茶，两个人一同相守，一同经历人世中的沧桑变化。在婚姻的漫漫长河中，只有使爱的潮水如暗流般涌动，才能把握住婚姻中的幸福，才能守护住爱情；也有人说婚姻是这样的七件事：琴棋书画诗酒花，如若没有这种浪漫的情怀相伴，两人之间的浪漫情怀便会全部被生活中的琐事吞噬，生活变得就像一口寂寞的枯井，索然无味。

有谁不期待有一份海誓山盟的爱情？又有谁不想固守一段相濡以沫的婚姻？古希腊著名的哲学家柏拉图曾经说过："人到世上就是为了寻找另一半。"所以每个人其实都由两部分组成，一半是男人，另一半是女人。寻找与自己契合的另一半的过程也就是寻找爱情的过程，也正是爱情让两个人相知相恋，携手步入婚姻的殿堂，从此以后他们便组成了一个家，这个"家"也就成了他们婚姻的"载体"。

可是不管爱情是多么浪漫，多么纯洁，婚姻都是最真实的生活的一部分，它离不开衣食住行，也离不开柴米油盐。既有蜜语温存，也有争吵拌嘴。抛开恋爱时恋人们对婚姻生活的美好向往，真正步入婚姻以后，面对的可能都是鸡毛蒜皮的小事。准备走进婚姻殿堂的人们必须有充足的心理准备去面对这一现实。人生不如意之事十之八九，现实生活中很多事情难尽如人意，缘分已尽、意外发生、一方出轨都可能使两个人的婚姻关系破裂。

另外，对于婚姻，钱钟书先生在小说《围城》里做过一个很经典的比喻：婚姻就像围城，城外面的人想进去，城里面的人想出来。一些围城外的男女误以为只要进入围城里面爱情就是自己的了，就可以高枕无忧、坐享其成了，并且认为维护婚姻是另一方的事。他们似乎忘了一点，那就是婚姻是两个人的事，需要两个人共同细心地经营。在西方的婚礼上，牧师都会问两位新人同样的问题："你愿意嫁给这个男人（娶这个女人）吗？爱他（她）、忠诚于他（她），不论贫穷、疾病、困苦，都不离不弃，一生相随，直至死亡。你愿意吗？"这就说明，夫妻双方都有责任去维系婚姻，让爱情的花朵在婚姻中依旧开放，让幸福的甘露在婚姻中依旧甜蜜。

台湾著名漫画家朱德庸说："婚姻不论好坏都是一出笑剧。唯一不同的是美满的婚姻让自己看笑话，不美满的婚姻是让别人看笑话。"为什么这样说呢？在这里可以套用托尔斯泰的那句名言：幸福的婚姻是相似的，不幸的婚姻各有各的不幸。因为婚姻的组合形式决定了两个背景完全不同的个体，他们之间可能隔着山隔着海，语言文化背景全都不一样，完全凭借着缘分和爱情走到一起，并且组合成一个家庭，这本身就存在着荒谬戏谑之处。幸福的婚姻一定是需要经营的，并且要永远经营下去。

有的人认为婚姻像一个易碎的水晶玻璃杯，经不起生活的磕磕绊绊，甚至轻轻一碰就会碎。他错了，生活中有多少命途多舛的夫妻，他们的家庭遭遇了无数的变故，在重重的打击后，他们的家庭关系不但安然无恙，家人间的感情反而更加牢固。人们会惊叹他们之间的默契，他们眼里永远只有对方，一个眼神、一个微笑都脉脉含情。

为什么会出现这样的情况呢？究其原因就是他们在共同

的经历当中培养了彼此的默契，双方心心相印、相爱相助，使自己成为对方心目中那个无法替代的人。他们把自己的身体当作大山，以自己对对方的爱作为坚定的信念，牢牢守护着自己的"杯子"。因他们用自己的心来守护他们的婚姻之杯，所以它才如此坚强，才能不怕风吹雨打。人们常说"十年修得同船渡，百年修得共枕眠"，前世一万次的回眸，才换来这一世的擦肩而过。既然缘分是那样的珍贵，那么就应该珍惜并且用心呵护好婚姻这只玻璃杯，使它永远流光溢彩。

　　综上所述，相比于宇宙的无尽苍穹，作为女人的我们是如此渺小，就好比沧海一粟。要在这茫茫人海中找到和自己情投意合的人，其实是很难的，难免要靠那么一点运气。当然，除了运气，还需要智慧，所有成功的婚姻都需要双方共同付出努力来经营。每个人身上都会有些小毛病，能包容的就尽量包容好了，让大事化小，小事化了。有时候睁一只眼闭一只眼，心里反而会舒坦一些，过分地纠缠一些无谓的细枝末节，天长日久，只会伤了彼此的和气。所以，如果想拥有美好的爱情和幸福的婚姻，就要在抓住机遇的基础上，具备一些驾驭生活的智慧。

平平淡淡才最美

不要总以为轰轰烈烈的爱情才是最美的，其实，平平淡淡才是生活的真谛，能领悟此真谛的人，必能得到幸福的生活。

如果将生活比喻成一串珠链的话，那上面的珠子就是生活中一件又一件的琐事，婚姻生活也是如此。很多女人都认为，婚姻生活就应该是恋爱时恋人间温馨浪漫的延续，是童话的续集，但是实际情况是婚姻就是日常生活的一部分，是两个人相互搀扶着一起生活。"酸甜苦辣咸香涩，柴米油盐酱醋茶"一样都不少，这才是真的生活。

至于我们在影视剧中看到的那些婚姻生活里种种浪漫到让人羡慕的桥段，其实是把婚姻生活中的小部分美好无限量地夸大了。不过，一旦跳出影视剧，如果你细细地观察生活，你会发现生活也许会有许多浪漫，但是更多的时候还是平淡或是苦涩的，这时候就需要两个人共同去面对。

生活本来就不是轰轰烈烈的，婚姻生活也是如此，无法逃离日常那些琐碎的事情，如果你只是一味地期待自己能永远活在甜蜜浪漫里，那么最终只能感到失望。不要抱怨你的婚姻生活不如你想象的那么美好，要细细品味埋藏在这些琐事中的幸福，这样，幸福方能一直追随着你。

香港著名影星刘德华就曾经说过："我想，我不知道怎么去表达我的感情。我把自己的感情都错放在一个又一个的角色里，谈情说爱，七情六欲，都是导演设计好的感情世界，回到现实中，我只是一个渴望拥有持久平淡的爱情的普通人。"尽管他曾经出演过那么多部电影，尝试过不同的身份，经历过那么多轰轰烈烈的故事，但他明白，这只是艺术创造出来的幻想，一个人不能只活在这些幻觉当中，而应该学会接受属于自己的平淡的人生。

人们常说："细水方能长流，生活的容载量禁不起翻腾的江水日日澎湃，这样总会有枯竭的一天。"但是，纵然是涓涓细流也会溅起幸福的小浪花，平淡的夫妻生活也可以每时每刻都充满幸福的味道，伤心时真诚的安慰，失落时默默的陪伴，夜晚时一盏守候的灯和快乐时一个情不自禁的拥抱，这些都是婚姻生活中的幸福和美好，只要你真的懂得这些幸福的可贵之处，你的婚姻就一定能够长久。

电影《爱情呼叫转移》就讲述了一个处在中年危机的男人想要重新寻找婚姻幸福的故事。电影中，徐朗提出了离婚，但他的妻子说，想要离婚至少得给我一个理由。于是，徐朗滔滔不绝地说道："你在家里永远穿这件紫色的毛衣，你不知道我最讨厌紫色吗？我讨厌看见紫颜色。刷牙的杯子得放在格架的第二层，连个印儿都不能差。牙膏必须得从下往上挤？我就愿意从中间挤怎么了？每个周四永远摆脱不了炸酱面、电视剧；电视剧、炸酱面。还有，你吃面条的时候，能不能不要嘬得那个面条一直打转转……"这就是徐朗想要离婚的理由——他忍受不了婚姻的平淡。

后来他遇到了一个天使，天使给了他一部手机，通过这部手机徐朗可以拥有了10次选择的机会，就这样，他开始了一段不平凡的生活。通过这十次的选择，他见识到性格各异，身份不同的美女，但是每一次的经历都让他觉得疲惫不堪。最后他终于知道了，自己想找的幸福就在原本他认为平淡无奇的婚姻生活中，他开始想念自己的妻子。可是，当他再次回到家中，再次面对同样的炸酱面时，却发现那碗炸酱面已经另有所属了。

没有人会永远等着你，幸福也是这样，如果你不懂得珍惜，它很有可能从你的指缝中溜走，等到你后悔的时候，才发现已经追悔莫及。

有的时候，人们会厌倦生活的平淡，抱怨身边的人浪漫不再、容颜不再，这的确是生活的残酷之处，但其实生活也是很公平的，安排了很多微小的幸福在生活中那些不易被人察觉的小地方。因此，女人们，一定要记住：抱怨只会毁了你现在看似平淡的幸福生活，只有用心去发现去体会平淡生活中的美，你才会懂得珍惜现在的生活，平平淡淡才最美！

别为了面子输掉了真爱

不管你是身居高位的大男子,还是久居职场的女强人,抑或是普普通通的平凡男女,在意面子问题本没有什么错,但绝对不能为了面子而输掉了真爱。

很多女人都知道,每个人都有尊严,每个人都爱面子,可以说,面子就代表着一个人的尊严。当然了,这并不是说爱面子就是维护了自己的尊严。每个人都不希望别人对自己的自尊造成伤害,但却不愿意承认自己是一个爱面子的人。每当遇到伤及面子的事情的时候,有些人可以忍耐,认为即便丢了面子也并非不能接受,但是有些人却表现得异常恼火,甚至做出些令人意想不到的事情。那么,如果将面子与真爱相比,到底哪一个更重要呢?很显然,正确答案应该是后者。

在对待感情这件事上,不管是男人,还是女人,都一定要注意:真爱大于一切。倘若双方产生了误会或者矛盾,因为面子问题都不愿意低头而使问题不能及时得到解决,那么,只会让矛盾越积越深，进而让爱情逐渐走向死亡。

一对年轻人结婚后不久，丈夫就接到政府的通知，需要奔赴前线去打仗，他将身怀六甲的妻子独自留在家里。三年的时间一转眼就过去了，丈夫终于可以从前线回来了，妻子知道这个消息后异常兴奋，带着儿子到村口迎接。事情正如大家想象的那样，当这对年轻夫妻再次重逢的时候，深情相拥，眼泪直淌。他们都认为是因为祖宗一直在保佑着男人，才可以让男人平安归来。丈夫让妻子去市场上买一些水果、鲜花之类的东西，回来祭祀祖先。

妻子去菜市场买菜的时候，父亲便开始逗起儿子来，想让儿子喊一声爹。但是，小男孩稚气又认真地说道："先生，你并不是我爹，我爹每天都会来陪妈妈说话，妈妈还一边说一边流泪，妈妈坐下，我爹就会坐下，妈妈躺下，我爹就会躺下。"这位年轻的父亲听到这些话之后，心里顿时凉了半截，脸色也变了。

女人回来了，丈夫连正眼都没有看她一眼，就一个人拿着鲜花、水果开始祭祖。等到做完之后，他还没等妻子跪下祭拜就将垫子卷了起来。他认为，这样的女人已经没有脸面再祭拜祖先，只会给祖上抹黑。此后，他就经常一个人到村里闲逛，每天喝得醉醺醺的回家。妻子一脸疑惑，不知道发生了什么事情，为什么自己日思夜想的人回来之后会变成这样。就这样，妻子再也忍受不住，终于有一天投河自尽了。

为妻子办完了丧事，男人点起了煤油灯，这时，他的儿子突然跑过来说："快看啊，这就是我的爸爸！"小男孩开心地指着男子在墙上的影子："是的，我的爸爸每天晚上都会跑过来,妈妈说这就是我的爸爸,所以每天都跟他讲话,说着说着还会哭起来,妈妈坐下来,爸爸就会跟着坐下来,妈妈躺下来,爸爸就会跟着躺下来。"

原来,几个月之前,小孩问起他父亲,她便指着墙上的影子说:"这个就是你的父亲。"女人不知如何才能将自己的思念表达出来,于是,就经常对着自己的影子诉说:"亲爱的,你已经走了这么久,什么时候才可以回来,我真的好想你!"

年轻的父亲恍然大悟,但是,已经太晚了。如果当时他可以放下面子,问自己的妻子:"亲爱的,我的心里真的好苦啊。儿子跟我说,每天晚上都会有一个男人来家里陪你,陪你说话,陪你流泪,你坐下,他就坐下,你躺下,他就躺下,这个人是谁啊?"她就会有机会向他解释,这场悲剧也就不会发生。可是,他没有这样做,他太把自己的面子当回事了,他一想到妻子做出了对不起自己的事情,就羞愧得不得了,哪里拉得下脸来问呢?

那么年轻的妻子呢?她不是也犯了同样的错误吗?虽然感觉丈夫的行为怪异,自己受到了莫大的羞辱,但是也没有丢下面子去问丈夫。如果女人可以放下面子,敞开心胸说:"亲爱的,我的心里真的好苦啊,我不明白自己究竟做错了什么,你为什么连正眼都不看我一眼,还不让我祭拜祖先,每天喝得醉醺醺的回家?"如果她这样做了,她的丈夫就会有机会向她解释儿子说的话,可是她没有。

故事中的夫妻因为面子而错过了今生的缘分,也为彼此留下了深深的遗憾。原本这样的悲剧是不应该发生在二人之间的,但是却因为彼此的"颜面"而毁掉了这个原本幸福的家庭。

　　对于现代人来说,"裸婚"一词已经变得不再陌生,因为这正是发生在他们身上的事情。虽然没房、没车、没钻戒,只有双方父母的见证与法律上的一纸婚书,但爱情却将两个人紧紧地联系在一起。或许很多人认为,这样简单的过程是很伤面子的,甚至会让人瞧不起。现在,有房有车成了很多人的择偶标准,婚礼更是必不可少的。但是,也有男女双方相亲相爱,难舍难分,却因为没有能力举办婚礼而变得焦虑不安的情况。有些人可能会等到有能力购买车子、房子的时候再考虑结婚的事情,而有些人却不愿意因此耽误了青春,让美好的时光从身边悄悄溜走。或许这些人并不是不喜欢光鲜亮丽的形式,只不过是这些人更加懂得:倘若彼此之间真心相爱,还有什么困难是不能够克服的呢?

　　这要看你结婚的目的是什么:是冲着物质,还是冲着人?倘若你结婚的目的是为了选择一个自己真心爱着的如意郎君,只愿意平平淡淡与对方共度一生,那就没有什么可抱怨的。

　　女人们,真爱与面子究竟孰轻孰重呢?爱情是双方的,双方都有所付出才能叫作真爱,如果你为了面子,甚至连一句真心的话都不愿意说出口,那就说明你根本不爱对方,或者只是想在亲戚朋友面前显摆,非要举办一个风光的婚礼而不去考虑对方的经济实力,那这样的爱便不是真爱了。不管在任何时候,输给了面子的爱都不能叫作真爱。

不要因为年龄大就"恨嫁"

你可以因为爱情而穿上漂亮的婚纱,走进幸福的婚姻殿堂,但却不能因为生活压力或者寂寞而匆匆地找个人嫁了。即便你是大龄剩女,在结婚方面也应当慎之又慎,三思而后行。

近几年,社会上涌现出了一个特殊的群体——恨嫁一族,并刮起了一阵"恨嫁风",最重要的是"恨嫁一族"的人数正在逐年增长。那么,到底什么人才能称得上"恨嫁一族"呢?

想要正确理解"恨嫁一族",那么就得先解释一下"恨嫁"的来源与意思了。其实,"恨嫁"这个词来源于广东话,指的就是非常想嫁人,恨不得马上出嫁的人。很显然,"恨嫁一族"就是指这些人。至于这些人"恨嫁"的原因,可能是各种各样的,其中,年龄大、感觉寂寞孤单是一个非常重要的原因。

小美是一个聪明而好胜的女孩,还不到30岁,就已经获得了注册会计师与律师两项资格证书。因为小美将大部分的时间都用在了学业与事业上,所以,尽管她是一个很优秀的女孩,但将近30岁的她竟然还没有正式谈过一次恋爱。尤其是最近,在工作之余,她总是感到自己被无尽的孤单、寂寞感吞噬,非常想有一个人能陪着自己。

中秋节放假,小美坐车回家看父母。刚下车没多久,小美就遇到了邻居王奶奶。小美微笑着同王奶奶打招呼:"王奶奶好。"

王奶奶:"小美回来了呀,什么时候回来的?"

小美:"刚回来。"

王奶奶:"小美今年多大了?结婚了没?"

小美不好意思地回答道:"29岁了,还没呢。"

王奶奶:"不小了,该结婚了,我孙女兰兰与你一般大,现在她的孩子都3岁了呢。"

此时,小美不知道如何回答,只能微笑着点了点头。

小美到家之后,妈妈为她准备了一大桌好吃的。吃完饭后,小美就与妈妈聊起了天。刚聊没几句,妈妈就语重心长地说:"小美,妈妈知道,你是一个很有主见的孩子,但你现在都这么大了,该结婚了。你看,与你同岁,甚至比你还小的女孩都结婚、生宝宝了。你可得抓紧了!"

小美点了点头,心中暗想:哎,我马上就30岁了,是该结婚了。我也不挑什么,只要能找一个与我谈得来的人就行。

妈妈又试探着问道:"那妈妈为你安排几场相亲吧。"

小美没有说话,默许了。

于是,在妈妈的安排下,小美参加了几次相亲活动,并且认识了一个名叫小刚的男孩。小刚比小美大1岁,两个人还算谈得来，并且在一个城市工作。就这样，小美与小刚迅速地确立了恋爱关系，并且在两个月后结婚了。

由于小美与小刚结婚比较仓促，并没有深刻地了解对方，等到结婚后，两人才发现，彼此性格并不是特别合适。于是，他们动不动就因为一些鸡毛蒜皮的小事吵得没完没了。小美深深地觉得，虽然自己结婚了，但是她的寂寞感并没有消失。丈夫小刚根本不能理解自己，她甚至感觉现在的生活比以前更累、更寂寞了……

这个案例是一个比较典型的案例，是"恨嫁一族"中经常出现的例子。"恨嫁一族"的女孩们大都过于着急地想要嫁人，根本不管对方是什么类型的人，拥有什么样的想法，只要感觉对方还可以，就迅速地与之谈恋爱、结婚，根本就没有认认真真地考虑过这个人是否真的就是与自己心灵相通之人。

小美就是因为觉得自己年龄大了，感觉十分孤单，想要找一个人赶紧结婚，告别这种寂寞感，才会迫不及待地嫁人了。正因为结婚前彼此没有进行更透彻的了解，最终才导致了不太幸福的婚姻生活。

那么，作为孤单寂寞的大龄剩女，我们应该怎么做呢？

1. 冷静思考你对婚姻的憧憬

虽然作为大龄剩女的我们，时常感觉孤单、寂寞，迫切地想要摆脱这种生活状态，有一种"恨嫁"的心理，但是我们也不能鲁莽行事。否则，我们会得不偿失的。这个时候，我们应该冷静下来，认真地分析一下自己。弄清楚自己是怎样的一个人，想要找一个什么样的老公，对未来的婚姻有怎样的憧憬等。只有搞明白了这些问题，我们才能有的放矢，寻找到最合适自己的伴侣。

2. 认真分析对方是什么类型的人

当你觉得与一个男孩有共同语言，可以发展为恋爱与结婚的对象时，你就应该认真地分析对方的性格类型了。在与这个男孩相处的过程中，你应该仔细地观察他的言行举止以及处理问题的方式，分析出他属于什么类型的人。

3. 想一想他到底是不是你的菜

当你正确地分析出他属于哪一种类型的人之后，你还需要弄清楚他是否与你对婚姻的看法一致，他是否有责任心，他是否有上进心，他是否是你寻找的另一半，他是否是值得你托付终身的良人？

如果答案是肯定的，那么你也不能太着急。虽然每个女孩都梦想着有一场完美的婚礼，但你也不会希望以后会被噩梦吓醒吧。因此，你还需要进一步考虑，这个男人为什么要与你结婚，是因为喜欢你，而且想要与你建立一个爱的小家，还是仅仅因为你们彼此条件合适，可以凑合一起过日子。如果答案是前者，那么，你就可以考虑与之领结婚证了。然而，若是后者，那么，你就离开吧，因为即便你们勉强在一起，那么在你感到孤单、寂寞的时候，你极有可能仍然觉得是一个人；在你遇到困难，需要肩膀依靠的时候，他极有可能会缺席。

因此，女孩一定要记住，不管你的年龄多大，永远都不要嫁一个不爱你，只是想与你搭伙过日子的男人。因为你很可能由于一次错误的选择而耽误一生的幸福。

总而言之，大龄剩女们，不要再因为自己的年龄问题，因为心灵的孤独寂寞感，而陷入"恨嫁一族"不能自拔。要知道，所谓"结婚"，实际上就是一个寂寞的灵魂寻找另一个寂寞的灵魂。如果婚姻不能让彼此的心灵靠近，那么它也就没有什么意义了。在这个开放的社会中，希望寂寞的灵魂们都能寻找一个懂你、爱你的心灵伴侣！

第三章　悦纳自己，积攒正能量

在这个世界上，每个人都会有这样或那样的梦想，都渴望着能够演绎出不一样的自我，同时能够取得辉煌的成就来体现自身的价值。所以，请悦纳自己，不断地积攒正能量。如此一来，终有一天，你会如愿以偿！

坚持自己的本色

女人们一定要记住：我们最大的敌人并非别人，正是我们自己，只要坚持自己的本色，不背叛自己，任何人都没有能力毁灭我们。

女人们，你们听过这句"人生的快乐在于——走自己的路，看自己的景，超越他人不得意，他人超越不失志"吗？对此，你怎么看呢？

的确，你可以学习别人的长处，却不能因为刻意模仿而丢失自己。只有懂得坚持自己本色的人，才能够在纷繁复杂的社会中，站稳脚跟，成就一番属于自己的事业。

住在北卡罗来纳州艾尔山的伊笛丝·阿雷德夫人，曾经写过这样一封信：

"我是一个非常内向，并且特别敏感的人。我从小就身材不好，长得很胖，而且我的脸又使我看起来比实际还要胖一些。我的母亲是一个十分古板的人，在她看来，穿漂亮的衣服是一种愚蠢的行为。她经常对我说：'宽衣舒服，窄衣易破。'她总是按照这句话所说的那样为我挑选衣服。所以，不管是什么样的舞会，我都不会参加。在学校的时候，我都不与其他孩子一同做室外活动，甚至不想上体育课。我十分害羞，不愿意与别人接触，总是感觉自己与别人不一样，肯定不会有人喜欢自己的。

"长大以后，我选择了一个比我大好几岁的男人作为我的丈夫。但是，我并没有发生任何的改变，我丈夫的家人都很自信，并且彼此相处得十分和睦。我应当成为却没有成为他们那样的人。我一直都在竭尽全力地成为他们那种人，但是最终也没有成功。他们为了让我高兴而做的每件事情，只会使我变得更加畏惧、退缩。我开始整天都处在紧张不安的状态中，不敢去见我的朋友，情绪非常低落，甚至害怕听到门铃响。我很清楚自己就是一个失败者，但是我又担心我的丈夫发现这点，因此，每次我们一起出现在公众场合时，我都尽可能地装出一副开心的样子，但是总是做得太过火。我也明白自己做得太过火了，因此，事情发生之后，我又会接连好几天为此感到难过。最后，我感觉自己实在活不下去了，于是，就想到了自杀。

"后来，婆婆随口说出的一句话，将我的整个生活都改变了。那天，我在与婆婆聊天的时候，婆婆向我谈了她怎样对她的几个孩子进行培养的。她说道：'不管怎么样，我总是要求他们保持自己的本色。'……没错，就是这句'保持本色'！在那一瞬间，我终于明白我之所以会感到这样苦恼，正是由于我一直逼着自己去适应一个对于我来说并不适合的模式所致。

"在一夜之间，我发生了巨大的改变。我开始保持自己的本色，试着对自己的个性进行研究，试着去发现我到底是一个什么样的人。我认真地对自己的优点进行了研究与分析，尽可能地去学习关于色彩与服饰的知识，尽可能地按照符合我的方式去穿衣打扮。我开始积极主动结交朋友，并且参加了一个组织——当初，它只是一个不大的社团。他们邀请我参加活动，这让我感到又惊讶，又害怕。但是我在众人面前每发一次言，我的勇气就会多增加一分。尽管这件事情花费了我非常长的一段时间，但是，我现在得到的快乐是我以前从来都不敢去想的。我在对自己孩子进行教育的时候，总是会将自己从痛苦的经历中学到的这个真理教给他们：不管怎么样，都要保持自我本色。"

詹姆斯·高登·吉尔基博士曾经说："保持自我本色这个问题，就如同人类历史一样古老，同时，它也像人生一样普遍。"在现实生活中，很多精神与心理疾病的潜在原因就是不能保持自己的本色造成的。大作家安吉罗·帕特利曾经撰写了13本书以及几千篇关于幼儿教育方面的文章。他是这样说的："再也没有人比那些想要成为其他人或者除了他本人以外任何其他东西的人更加痛苦的了。"

卓别林最开始拍摄电影时，导演曾经坚持让他尽可能地模仿那个时候德国一个十分著名的喜剧演员，然而，卓别林直到创造出了属于自己的特色后才开始成名。

鲍伯·霍普多年来一直在从事表演歌舞的工作，但是没有一丁点儿的成就，直到他懂得开自己玩笑，表现自我以后，才开始获得成功女神的青睐。

威尔·罗吉斯原本只是一个杂耍团中表演抛绳技术的演

员，根本没有在台上说话的机会。直到有一天他发现自己颇具幽默的天赋，并且开始在表演抛绳的过程中搞笑的时候，他才开始成名。

玛丽·玛格丽特·麦克布莱德刚刚进入演艺圈的时候，想要成为一位爱尔兰喜剧演员，但是最终她失败了。后来，她发挥了自己的本色，扮演了一个来自密苏里州来的普通农村女子，结果，她开始成为纽约最受人喜爱与欢迎的演艺明星。

金·奥特雷刚出道时，特别想将自己的德克萨斯口音改掉。于是，他就将自己打扮成城里人的样子，并且自称是纽约人，结果，他遭到了众人的耻笑。后来，他转变了策略，弹起了五弦琴，改唱起了西部歌曲，开始了属于自己的演艺生涯。于是，他逐渐成为电影与音乐这两个行业中最有名的牛仔歌星。

女人们，你们每个人都是这个世界上独一无二的。你应当为此而感到庆幸，并且尽可能地利用上帝赋予你的一切。说到底，不管什么艺术都带着一些自传的色彩：你只能唱属于自己的歌，只能画属于自己的画，只能做一个由自己的经历、环境以及家庭环境等造就的你。不管好坏，你都必须创造出一个属于自己的小花园；不管好坏，你都必须在生命的交响乐中演奏属于自己的乐器。只有这样，你的人生才会是最精彩的。

就像美国著名的文学家爱默生在自己的散文——《论自信》中所说的："每个人在自己的教育过程中，肯定会在某一个时期发现，羡慕就相当于无知，模仿就相当于自杀。不管是好或是坏，都一定要保持自己的本色。尽管广阔无垠的宇宙中全部都是美好的东西，但是除非他自己耕耘出一块属于自己的土地，否则，绝对不会得到好的收成。他的一切能力都是自然界的一种新能力，除了他本人以外，任何人都不知道他到底能够做些什么，知道些什么，而这些都一定要依靠他本人去不断地尝试。"

总而言之，女人们，如果你们想要培养能给自己带来平安、消除忧虑的心理，那么，你们就一定要记住这样一条规则：不要刻意模仿别人，保持自己的本色。

感谢给你泼冷水的人

成功是所有人都期望获得的,而失败则是人人都不愿意看到的。但有时候,失败也未必就是坏事,它在一定程度上也能让人更加奋发进取。同理,帮助过我们的人会让自己感激不尽,而那些曾经给自己泼冷水,伤害过自己的人又何尝不会成为我们生命中的一颗福星呢?

在日常生活中,如果别人给予我们以关心、爱护、帮助、掌声与鲜花,那么我们很容易以感恩之情去对待他。但是,假如有人曾经泼冷水、伤害、欺骗过我们,让我们仍对其表示感谢是很难做到的。

事实上,那些曾经泼冷水、伤害过我们的人,同样值得我们表示感谢之情。因为,他们虽然让我们经历了磨难,但在这个过程中,我们的意志得到了强化,骄奢、懒惰、自满之气没有了,取而代之的是谦逊、勤奋与自信,思考问题更加深刻,为人处世也更为睿智。

20世纪80年代初，中国现代杰出戏剧家曹禺早已功成名就，过了古稀之年后心态却越来越淡然。

有一次，美国著名戏剧家阿瑟·米勒到中国访问，曹禺负责接待工作。休息的时候，曹禺非常小心地从书架中间取出一个小册子，那个小册子装帧得十分精致。曹禺从里面取出了一封信，那是画家黄永玉写给他的。然后，曹禺表情严肃、虔诚地向阿瑟·米勒朗读了这封信，他的语气显得很激动。

信里面写道："对你解放后排的所有戏，我根本就不喜欢。因为你的心不在戏里，你失去了伟大的灵通宝玉，你为势位所误！命题不巩固、不缜密，演绎、分析也不透彻，过去那些无数的精妙的休止符、节拍、冷热快慢的安排以及一笋一筐的隽语都不见了……"

事后，阿瑟·米勒感到十分迷惑，因为这封批评曹禺的信，言语激烈，还带着羞辱的味道。然而，曹禺却还要恭敬地将其装帧在专册里。在阿瑟·米勒的眼中，这是非常难以理解的。

在现实生活中，能将别人的讥讽信件装帧在专册里，这样的行为恐怕是鲜有人能做到的。因此，阿瑟·米勒的迷惑是在情理之中的。然而，曹老却能够做到，正是由于他心中总是有感恩的品德，所以才会"猝然临之而不惊，无故加之而不怒"。

心怀感恩之情，在面对他人的羞辱之时，我们才会泰然处之，在面对别人的指责之时，我们才会时刻警醒自己，并将其作为自己前进的动力。

当然，对他人的伤害心存感恩，这不仅需要我们胸怀宽广、气度非凡，还需要我们用全面的、辩证的眼光来看待问题。但是，我们只要认识到了那些伤害过自己的人对我们的推动作用，那么就会很容易心存感恩。

20世纪60年代初，陈明远刚从大学毕业，被分配到中国科学院电子学研究所从事语言声学工作。当时，《人民文学》《人民日报》等报刊刊登了郭沫若的一些白话诗。陈明远看了以后，当即就写了一封信给郭沫若。在信中，他措辞尖锐并严厉地批评了郭沫若的诗名不副实，只是畏惧他的名声，报社才不得不全文刊载。

郭沫若见信后，特意约了陈明远见面，并且微笑着问他假如他是诗歌编辑，会怎样来处置自己的诗稿？

陈明远思索了一阵，认真地说道："我一般会分三类来处理您的来稿。第一类，《罪恶的金字塔》和《骆驼》这样的文稿还是比较好的，我会发表这样的文章。第二类，对于那些有可取之处但仍需斟酌一番的，我会提出具体的意见并让您改好了再用。第三类，对于那些没有多少诗味的，我会将其当作散文或者杂文，再不就直接扔掉。我认为这样才是对您的诗句和那些广大诗歌爱好者的尊重。"

郭沫若听完，不仅没有生气，反而笑着说道："太好了！像你这样的编辑同志真是求之不得啊！"

曹禺和郭沫若都是文化名人，他们在面对他人的伤害与批

评时所表现出来的是真诚的感恩之心，这体现了他们的智慧与宽广的胸襟，非常值得人们去感悟与学习。

实际上，作为一种处世哲学和生活智慧，心怀感恩能够让我们从跌倒的地方重新爬起来，并更加稳健、自信地走向理想的彼岸。

快乐可以说是一种幸运，而痛苦也未必就预示着自己会走霉运。有了悲伤、痛苦和愁闷，我们才能够从中理解快乐的难得，才能够更加珍惜现有的快乐时光。就如同我们应该感谢悲痛一样，对于那些曾经泼冷水、伤害过我们的人，我们也应该报以感恩之情。因为他们就像镜子一样，照亮了我们人生前进的路途，让我们走得更加稳健。

让我们心怀感恩，感谢那些曾经泼冷水、伤害过我们的人吧。因为他们，我们的意志得到了磨炼，我们的见识得到了增长，我们的恐惧得以消除，我们的精神得以自强自立，我们的能力得以强化，我们的智慧得以增长。也正因为对泼冷水、伤害过我们的人心怀感恩，我们才能够坚定自己成功的信念并最终取得成功。

不断失去，才会无所畏惧

在每个女人的成长过程中，都会伴随着无数的失去。因此，我们不应该因为失去而感到忐忑不安、不知所措。要知道，失去并不代表悲剧，因为有了失去，我们才能够重新拥有，因为不断地失去，我们才会无所畏惧。

或许，女人们天生就缺乏安全感，所以才会将现在所拥有的一切紧紧地握住，生怕哪一天就会失去一样。随着女人不断成长，所拥有的东西越来越多，然而，这并没有给女人带来想象中的满足与快乐，反而使不少女人经常处于害怕失去的忐忑之中。而那些性情洒脱的女人，却是每天都洋溢着幸福的笑容，总是乐呵呵地享受着生活。因为她们懂得"握不住的沙，就散了它"。

在我们成长的过程中，失去是我们无时无刻不在面对的现实。当我们第一声啼哭时，我们已经失去了母亲身体的依靠；接着我们逐步失去了完全的自由，我们开始了我们的求学生活；再接着我们就失去了童年；随后，逐渐步入中年的我们失去了如花般的青春年华；再后来孩子又让我们失去了太多自我的时间；等孩子长大了，我们也慢慢老去。回首我们的一生，我们会失去很多东西，有成长所必须经历的，也会有天灾人祸所意外带来的。如果在每次失去之后，我们都深深地懊悔自责，那么我们将会在懊悔自责中失去得越来越多。所以，面对失去，女人们要做的是整理好自己的心情，迎接下一次挑战，重新出发。

女人们要知道，有时候，失去也许是为了更好地收获。就好比千里马失去了到磨坊拉磨的机会，才得到了将自己真正的才能施展出来的机会，失去并不代表着不能再拥有，反而会让女人们拥有真正属于自己的东西。

1898年冬天，在玛丽维尔外的农场住着卡耐基一家人，他们一家幸福快乐地生活着。然而一个意想不到的灾难却在这个冬天悄悄降临了。由于债台高筑，这个倔强的农场主、卡耐基的父亲詹姆斯·卡耐基的沮丧和忧郁与日俱增。为了改变命运，他长年累月地辛苦劳作，长期承受着沉重的生活负担，结果导致他的身体健康状况越来越糟糕。在他47岁也就是1898年的冬天，罹患了精神崩溃症。他停止进食，变得极为憔悴。当医生告诉詹姆斯太太，詹姆斯的寿命将不会延长到6个月以后的时候，站在一旁的戴尔·卡耐基还不足10岁。戴尔握紧拳头，一边对着医生晃动，一边大声吼道："你撒谎，你撒谎……"他不相信这是真的，他不能接受这种事实，更不敢想象6个月以后辛苦一生、积劳成疾的父亲将合上双眼、与世长辞的凄凉景象。

虽然他父亲的身体在后来慢慢地得到了改善，并没有像医生预计的那样，但10岁的小男孩已经开始懂得家庭所遭遇到的不幸了。同时，父亲的悲观也越来越重地在戴尔的心灵上投下阴影。但是也正是在这样的环境下，卡耐基慢慢地懂得了：当一些东西失去了，如果已无法挽回，那么就要积极去面对。不要为失去的东西徒增伤悲，也不要为失去的东西而过分地哭泣，关键是要为拥有的开心，并好好地珍惜。

环境本身并不能够让我们感受到快乐或者不快乐，这一切都在于我们自己的内心，当我们面对命运的考验，我们应该有忍受灾难和悲剧磨难的信心，直至战胜它们。我们的内在力量是如此坚强，只要我们愿意利用，它就能帮助我们克服一切困难。

一个聪明的女人要懂得"旧的不去新的不来"的道理，这句谚语用浅显直白的话语描述了失去与获得的关系。就好像我们手里有一个玻璃杯子，当这个玻璃杯中盛满了白开水的时候，如果我们这个时候想要喝牛奶，就一定要倒掉玻璃杯中的白开水，因此，有的时候，失去反倒是另一种获得。所以，女人们，即便我们失去了一些自己曾经非常渴望的东西，也不需要过于伤心，有失去才会有新的获得，我们唯有正确地对待失去，才能够用失去换来更棒的获得。

司马迁是中国历史上十分伟大的文学家、史学家。他曾经受到惩罚，被人施了宫刑，关入大牢之中。在大部分人的眼中，司马迁失去了不容侵犯的人身权利以及作为男人的人格尊严。但是，他并没有因为这个原因就消沉堕落，而是利用被关押在大牢的时间来对自己喜爱的史学进行研究，最终为后人留下了被誉为"史家之绝唱，无韵之《离骚》"的《史记》著作，他也因此受到了一代又一代人的尊敬与敬佩。

司马迁确实失去了很多，可他却也因此获得了之前的自己恐怕无法获得的成就。这于我们，又何尝不是如此呢？

在每个女人的生命中，难免会失去一些东西，正因为如此，女人才会有所收获：从失去父母的依靠中，女人学会了独立；从失去的童年中，女人理解了纯真；从失去的单身自由中，女人尝到了爱情；从失去的青春中，女人获得了成长。正是因为这些失去，女人才能无所畏惧地成长，逐渐变得优雅而从容。因此，女人们一定要谨记：失去是人生的必经之路，不断失去，才会无所畏惧。

受得住何等委屈，将成何等人

很多时候，暂时的败，一时的退，短期的弱对事业和人生来说都不一定是坏事。相反，它会为你的下一次进步积蓄冲击力。为人处世要有受得住委屈、懂得退步的气魄，要学会委曲求全，以退为进，始终相信纵然有一时的不如意，也终将成为过去。你受得住何等委屈，决定了你将成为何等人。

委曲求全一词蕴含着古人的智慧，只有委屈一时，才能让怒火消除，让人冷静处事，那么做错事的概率也就会降到最低。

明朝安肃有一个名气不小的人，他的名字叫作赵豫。在宣德和正统时期，他曾担任松江知府之职。在做知府的时候，他对老百姓非常好，经常用心地为他们谋福利，因而受到了松江众多老百姓的称赞与爱戴。

赵豫有一个非常奇特的处理日常事务的方法，他的下属称之为"明日办"。每次他见到来打官司的,如果不是很急的事,他总是不慌不忙、慢慢地说:"各位先冷静一下,消消心中的怒火,等到明天再来吧。"

刚开始的时候,大家并不认同他这套处理问题的方法,觉得他就是一个非常懒惰又十分拖拉的不良知府,甚至还有人在暗地里编出了一句顺口溜——"松江知府明日来"来对他进行讽刺,所以,很多老百姓都戏称他为"明日来"。

赵豫的性格极其稳重,为人也相当宽厚,在得知老百姓给自己起的这个绰号之后,虽然心中感到委屈,但是面上却没有表现出来,反而一笑了之,从来不会对给他起绰号的人进行惩罚。因为他的态度很是和蔼,对下属从没有声色俱厉过,所以,那些下属有什么话都敢跟这位知府老爷说。

一天,一个下属问他:"大人,你为什么要这样做?这样做太伤害你的名誉了。"于是赵豫解释了"明日再来"的好处:"有不少来官府打官司的人只不过是一时的激动愤怒情绪所致,在冷静地进行思考或者听了别人的劝解之后,心中的气愤就会消失了,而官司也就随之平息了。这样一来,就会少了不少恩怨呢。"

赵豫此招甚妙,虽然让自己承受了一定的委屈,给自己戴上了"懒惰拖拉"的帽子,但人们的情绪却能够冷静下来,官司因此而平息,百姓也因此而和睦,由此我们可以说:"委屈可以求全。"

退后一步,对事情进行"冷处理",有助于缓和情绪,让问题得到更好的解决。赵豫的"明日再来"这种处理一般官司的做法，是合乎人的心理规律的。经过一天的冷却，当事人都不再急躁，才能理智地对待所发生的一切。这种"冷处理"包含为人处世的高度智慧，把它用在生活中，可以避免不必要的争执。

正如跳高、跳远，要退到后面很远的地方，起跳时才会有更强的冲击力。生活也是如此，承受委屈，退后一步，就是为了更好地前进。一时的委屈是为了永久的安然。忍一时的不冷静，对人对己都有好处。

当不愉快的事情发生后，退一步想，就会海阔天空。在实际生活中，不管你多么有能耐，多么无情，总是有人比你更有能耐，更加无情。拼个鱼死网破，倒不如后退几步，另求他路。

古往今来，安身处世者大有人在，曲径通幽，卧薪尝胆，委曲求全，最终成大业者都经历过退让，才干出轰轰烈烈的壮举。忍受一时委屈，向后退一步，即使一时处于劣势，但在心灵上获得了某种轻松、潇洒的感觉，在精神上做好了向前冲的准备。你能守得住什么样的委屈，你就能成为什么样的人。

当然了，委屈并不是说让你饱受屈辱，它的目的是求全。有时候，为了实现我们更远大的目标，成为我们想要成为的人，就要学会忍受委屈，因为只有这样，才更有可能实现自己的愿望。

女人，你要有强大的心理素质

俗话说得好："靠山山会倒，靠人人会跑。"女人，唯有拥有强大的心理素质，才能战胜一切磨难。

"女人呀就应该给自己找个依靠。"不少父母通常都会这样教育自己的女儿。而大多数的女人也是"谨遵医嘱"，她们被赋予敏感、脆弱的特性，对自身的否定和对未来的恐惧让她们渴望从周围的人当中寻求保护。她们最擅长的就是为自己寻找依靠：年轻时依靠父母，结婚后依靠老公，老了依靠儿女。

殊不知，在现在这个离婚率逐年升高，"小三"遍地横生的社会中，倘若还一味地遵从以前的老思路来生活，那么女人不但很容易受到伤害，而且这种伤害还可能是致命的，成为作家唐敏笔下"最早感知灾难，又最早在灾难的打击下夭亡"的可怜人。

当然，女人的生理特质在很大程度上决定了女人要比男人更需要依赖。但是时代变迁，无论是生活还是职场，有更多女人为了寻求真实的自我而渐渐脱离男人的怀抱。这样的选择也将自己置身于生活的考验之中，如果没有强大的心理素质就很难抵挡环境中随时出现的明枪暗箭。不想自己的生活被伤得千疮百孔的根本之道就是铸就强大的内心，以这样的资本立世，为自己找到人生最坚实的后盾。

然而，强大并不意味着女人要为自己穿上厚厚的铠甲，做出拒人于千里之外的姿态。因为生活的美好需要真正贴近她的人才能感受得到，给自己穿上铠甲，虽然可以为自己带来安全感，但是它隔绝了伤痛也隔绝了美好的生活。真正的自我保护和安全感来自于强大的心理素质：从容、自信、独立、勇于追求自我、懂得释怀。

在毕业5年的大学同学聚会上，看到自信大方又面带微笑的小薇，大家都不敢相信这就是曾经那个从农村出来满脸土气和羞怯的女孩儿。

9年前，小薇凭借自己的努力考上了省会一所普通本科学习金融专业。因为担心被人看不起，刚入学的小薇不敢多和周围人说话，尤其是当女生们聚在一起谈论自己喜欢什么样的衣服、怎样美容化妆、怎样找个好男朋友的时候，是她最自卑的时候，她恨不得把自己裹得严严实实的，当作什么也没听见什么也没看见。对比周围那些或漂亮或有背景的女孩，小薇对自己的未来充满着怀疑和恐惧。她也曾一个人躲起来哭过，而她最经常采取的办法就是溜到图书馆，一坐就是半天。

随着知识和阅历的增长，小薇渐渐意识到，没背景没长相并不可怕，可怕的是没有勇气面对和改变这一切。能够靠家人或者有钱的男朋友过上好日子固然是条捷径，但是凭借自己的奋斗实现自我的价值不是更有意义吗？

小薇骨子里的倔劲儿让她说服了家人留在省会发展。

听说她还没有男朋友，便有勇敢的男同学上前搭话："小薇。""这不是葛亮吗！"

"你一眼就认出我了，可是我差点认不出你来。"

"呵呵，年少有为的财务总监谁人不识，不过我还真担心你认不出我这个柴禾妞哦！"

"怎么会呀！听说你现在在一家国有银行工作，这可是咱们班其他女孩儿都羡慕的工作，怎么样，亮亮你的法宝？"

"我哪有什么法宝呀，像我这样的'三无人员'——无背景、无长相、无经验，找男朋友都难，又偏偏学的是金融专业，刚毕业那会儿想找个专业对口的工作更是难上加难。"

"可是你做到了呀！"

"说实话，我当时只有一样资本。"

"是什么？"葛亮迫不及待地追问。

"心理足够强大，呵呵！"

葛亮听了这话，心中微微一颤。他也听说了一些小薇这些年的经历：刚开始找工作时四处碰壁，好不容易进了一家期货公司不到一年，妈妈生病又拿走了她所有的积蓄；省吃俭用地为自己买书学习，勤奋努力地工作，却因为同事的排挤放弃了原来的工作，这中间肯定还吃了不少苦。

他顿时觉得眼前这个女人更加可爱了。

不要以为只有女强人才会有强大的心理素质，内心强大是所有女人都可以拥有的重量级资本。拥有它的女人会更具魅力，有它做后盾的女人会更加勇敢地追求自我。

坚强地做好你自己，摆脱"容易受伤的女人"称号，让奥特曼驻进心里，赶走恐惧的小怪兽，人生的脚步才能走得坚实有力，生活才能一路向前奔向幸福。

德在于心,懂得自律

把不住大门免不了窃贼入室行窃,贵重物品随意摆放也免不了引贼入室。世道越险恶,我们越要严于律己,这是防范外界各种诱惑的根本保证。

孔子曾经说过:"德不孤,必有邻。"邻,不单单是指邻居,也可以指朋友与亲人。这句话的意思是说,有道德的人必定会有志同道合的人与之相伴,不会感到孤单。从孔子的这句话中,我们可以看出:一个人如果想要在社会上生存发展,得到别人的认可与尊重,首先应当具备一定的道德素质。

孔子也说过:"从心所欲,不逾矩。"这里的不逾矩指的就是人应该有自律的精神。自律指的是什么?所谓"自律",指的就是无人监督的情况下,通过自己要求自己,变被动为主动,自觉地遵循一些原则,控制自己的言行举止。换句话说,自律就是一个人意识中的法律,它会让我们明白如何做是正确的,如何做是错误的。一个人拥有越强的自律精神,那么他的

道德修养也就会越高。

　　清末时期，有一次，庆亲王奕劻邀请担任湖广总督之职的张之洞前来军机处商议事务。不过，令人奇怪的是，张之洞来到了军机处门前之后，就站在那里，不上台阶。不管别人如何邀请或劝说，他也不愿意上台阶。奕劻对此感到十分奇怪："张之洞，你到底在搞什么名堂，直接进来不就行了，难道还非得让我亲自去请你啊？"这个时候，另一个军机大臣——瞿鸿禨明白了张之洞这样做的原因，就让其他人到台阶下面与张之洞进行交谈。

　　原来，当年，雍正皇帝在位的时候，曾经亲自御笔榜示内阁：军机重地，有上台阶者处斩。从雍正皇帝到光绪皇帝，已经经过200多年的时间，早就有人将这个规矩打破了。因此，基本上没有人能想起来这件事情，即便想起来了也不会在乎：那都是老皇历了，当今皇帝与太后也不一定还记得这件事情，根本没有必要再根据雍正朝的规矩来对自己进行要求。然而，张之洞却不同意这样的观点。他认为，既然自己已经知晓了这件事情，那么就应当按照规矩来办。所以，不管别人怎么劝说，他都坚决不上台阶。

　　张之洞是什么样的人呢？他可是清朝末年三大总督之一，是洋务运动的中流砥柱，是慈禧太后最为信任的一个大臣，是具有在紫禁城中可以骑马行走权利的人。然而，他却没有因为自己的地位比较高就放松了对自己的要求，依旧时时刻刻告诫自己，一定要克己慎独。在人心松散、纲纪败坏的清末政坛上，像他的这种自律精神是非常罕见的。张之洞之所以可以获得慈禧的信任以及大臣们的拥护，与他的这种自律精神有着非常大的关系。

我们在这里讲张之洞的故事并非让人们在做事情的时候墨守成规，不懂变通，而是告诉我们做人就要学会克制自己，约束自己，不可以因为自己的地位比较高、能力比较强，或者财富比较多等就肆意妄为。

一个人不管拥有怎样的社会地位，都应当对自己的道德修养加以重视，都应当时时刻刻约束自己。尤其对于一些权势滔天的人而言，更应当这样。不要觉得你拥有了权势，就拥有了对道德进行践踏的资本与实力。倘若你非常任性地这样行事，那么，不仅会给别人造成伤害，而且也会给自己带来不良的影响。这是一个很简单的道理，也正是由于这个原因，不少拥有很大权势或拥有巨大财富的人在获得了别人渴慕的东西后，不仅没有将对自己的要求放松，反而越发严格地要求自己了。不管到了什么时候，这种精神都不会过时，都值得我们去学习，这其中自然也包括女人了。

我们生活在科技发达、信息发达、自由民主的时代，所以，很多人都在努力地追求自我与自由，这象征着社会的进步。但是，追求自我与自由，并不等于对自己进行放纵。倘若以放纵自己作为前提来追求所谓的自我与自由的话，那么，很多人都极有可能会走向堕落。倘若每个人都在放松对自己的要求的前提下追求所谓的自我与自由的话，那么，我们这个社会不仅不可能进步，反而可能会倒退。所以，越是有条件去追求自我与自由的时候，我们越应该保持自律精神。

女人们，我们要懂得在自律中提升自己的道德。自律并不等于所谓的"存天理，灭人欲"，也并非刻意地将自己内心的想法打压。实际上，自律十分简单，我们只需在日常的生活中，多加注意即可。比如，在过马路的时候，不要闯红灯；在买票的时候，不要插队；在与别人产生矛盾的时候，不要轻易地与之吵闹等。当我们将这些行为演变成习惯之后，我们的道德修养就随之大大提高了。

让你的理想激发无限正能量

成功的诀窍在于心怀梦想,超越自己,一步一步地积累小成就,形成一个良性循环。最终,你将收获梦寐以求的结果。

诺思克利夫爵士是伦敦《泰晤士报》的大老板,同时也是新闻界的"拿破仑"。

刚开始的时候,他十分不满意自己每个月只拿到80英镑的处境。后来,《伦敦晚报》与《每日邮报》都成了他的,但是他依旧没有感到满足。直至他掌控了《泰晤士报》之后,才算有了些许欣慰。林肯曾经对《泰晤士报》做出过这样的评价:"除了密西西比河以外,《泰晤士报》就是全球最强有力的一件东西。"

但是,即便诺思克利夫爵士拥有了《泰晤士报》,他仍然不肯满足于现状。他要对《泰晤士报》赋予他的权利进行充分利用:"将官僚政府的腐败暴露出来,将几个内阁打倒,对几个内阁总理(亚斯·查尔斯和路易·乔治)进行推翻或者拥护,还要不惜一切代价地对昏庸腐败的政府进行攻击……因为他这样努力,使很多国家机关的办事效率得到了较大幅度的提高,并且在某种程度上还对英国政府的制度进行了改革。"

对于那些自满的人,诺思克利夫爵士一向都是十分反感的。

有一次,他停在了一个素不相识的助理编辑的办公桌前,并与那个助理编辑进行了交谈:"你来这里工作多长时间了?"

"将近3个月了。"那个助理回答。

"你感觉如何?你喜欢这份工作吗?对于我们的办事程序,你都熟悉了吗?"

"对于现在的工作,我十分喜欢,也熟悉了办事的一系列程序。"

"你如今的薪水是多少?"

"一周5英镑。"

"你对现在的状况满意吗?"

"十分满意。"

"啊,可是,你要清楚,我可不愿意自己的职员对一周只拿5英镑就十分满足了。"

在这个世界上,有不少人一生都一事无成,究其根本原因就在于他们太容易满足了。这些人往往会找一份相对比较稳定的工作,拿着些许微薄的薪水,每天机械地重复着相同的事情,日复一日,年一复年,直至生命的尽头。而他们居然还会觉得人的一辈子也就能够拥有这么多东西了。

当然了,很多时候,不满足也是十分痛苦的。为了避免由于这种不满足而招来的痛苦，不少人十分急切地寻找着一个看起来比较舒适的"安乐窝"，他们目光非常短浅，只能看见眼前的安逸，不愿意承担一丁点儿的压力与责任。

对于大自然其他动物来说，知足可以作为其目标，然而，对于一个人而言，千万不要将自己一辈子的追求局限在一个极其狭小的范围内。猪牛羊拥有充足的食物与安全的住处，便会心满意足。可是，人却不可以如此，人的目标应该是成就一番事业，而非成为他人成功之路上的垫脚石。

有些人为了躲避不满足给自己带来的痛苦，就将自己的不幸怪到别人头上，或者归咎于环境因素所致。埋怨自己之所以会有不幸的遭遇完全是因为受到了外界环境的束缚。这样的逃避现实，真的是非常愚蠢的。当我们产生了不满足的感觉时，我们就应当清楚，错误并不在我们自己。要想取得一番成就，我们就应该在某些方面做出改变。

拥有正能量的人对于自身的缺点并不畏惧。他们绝对不会躺在所谓的"安乐窝"中反复咀嚼并回味着自身的优点，等待他人向自己投来赞扬的目光，并因为这赞扬之声而变得沾沾自喜。拥有正能量的人对于他人的奉承话并不很喜欢，他们往往采用批判的态度来对自己进行审视，认真而仔细地比较自己所处的地位与所期待的情况，并且以此来对自己进行激励，激励自己不懈地努力。

格斯特所说的"如今的自己永远是有待完善的"这句话就是这个意思。格斯特是一个伟大的诗人，其诗作常常见于各大报纸，深受广大读者的欢迎。他之所以可以获得成功，在很大程度上源于他经常不满足当下的自己，仰望理想中的自己。

第三章　悦纳自己，积攒正能量

只要你心怀梦想，就算这个梦想不能立即实现，但是它仍然具备自己的价值，因为这梦想可以帮助你照亮当下的机会，并且这些机会极有可能是别人没有注意到的。

拥有正能量的人在未成年之前，其脑中经常充满了各种各样看起来千奇百怪，且十分幼稚的梦想。

钢铁大王卡内基在15岁时常常在仅有9岁的小弟弟——汤姆的面前说起自己对于未来的希望与设想。他说，待他们长大之后，可以组建一个兄弟公司，然后赚大量的钱财，最后为父母购买一辆大大的马车。

塞尔弗利曾担任过马歇尔公司的总经理之职，创立了伦敦最大的百货商店。小时候，在妈妈的带领下，他经常会做一种假设的游戏。母亲经常告诉他："假设你现在已经长大了，从事着一份很普通的工作。有一天下班回家后，你对我说道：'妈妈，我每周的薪水会涨1块钱，如今，我们能多存一些钱了。'如此一来，两年之后，你就会对我说：'妈妈，我们如今能购买一辆四轮的马车了。'"

他们每天都要做这种游戏，在潜移默化的训练的影响下，小塞尔弗利逐渐有了很多梦想。这种"假设"的游戏，帮助他树立了正确的理想与坚定的信念。这样一来，待机遇降临的那一天，他就如梦中一样紧紧地将这个机遇抓住。

"你觉得我会对司机的工作感到满足吗？其实，我真正的目标是铁路公司总经理。"这是一个名叫弗里兰的青年所说的话，但他在说这句话时，甚至还不是一个司机。弗里兰在铁路上已经工作了两年了，依旧是一列三等火车上负责管理制动机的工人，每个月的工资只有40元。但是，一个老铁路工人所说的一番话对他产生了极大的刺激,才促使弗里兰说出了上述那句话。

那位老工人的原话是这样说的:"如今,你已经是一个很棒的制动机工人了,根据我多年来的经验,倘若你再在这个职位上干个4年到5年,就可能会升职为司机,你每个月的薪水就能够涨到约100元。只要你踏踏实实地工作,不犯什么大错误,就不会有被解聘的危险,你就能稳稳当当地做一辈子的司机了。"

弗里兰并不认为拥有一份安稳的工作是一件多了不起的事。他有更大的理想与抱负。后来,他也真的将他当初所说的话实现了。在他坚持不懈的努力之下,他终于如愿以偿地成为了美国大都会电车公司的总经理。

弗里兰之所以能够获得这样的成功,就在于他并没有满足于自己稳定的工作,而是不断地鼓励自己,积极进取,努力地向前发展。最后,他超越了自我,用理想激发了心中的正能量,最终攀上了理想的高峰。

因此,如果你想踏上人生的巅峰,那么请怀抱理想,不断地超越自己,激发无限的正能量吧。

善于自省，才会有进步

当我们越是觉得自己没有什么过错，越是觉得自己比任何人都聪明时，我们则越要时刻警醒自己。

你们知道《贞观政要》吗？其中记载着唐太宗李世民这样一句话："朕每闲居静坐，则自内省，恒恐上不称天心，下为百姓所怨。"由此可以看出，唐太宗李世民身上具有一种常人没有的品质——善于自省。

其实，每个人都生活在两个世界中，即内世界与外世界；都具有两种能力，即向外发现能力与向内发现能力。向外是一个十分宽广、异常精彩的世界；而向内则是一个非常深邃、急需挖掘的内心世界。对外部世界进行观察的时候，需要拥有一双明亮的眼睛；而对内心世界进行探究的时候，则需要拥有清醒的头脑以及擅长反省的意识。

但是，在现实生活中，有些女人却只看到别人身上的缺点，而自身的缺陷却视而不见；只会对别人的过失进行批评，却从来不懂得自我检讨。这种人不但不懂得反省，甚至还会刻意将自己的过失隐藏起来，更谈不上什么知错就改。

自省就好像一面"照妖镜"，可以将每个人心灵上的污浊照出来。因此，一个聪明的女人，自然应该明白自省的重要性，尽可能做到"吾日三省吾身"。

自我反省可以让你知道自己的缺点，可以让你的头脑保持清醒，可以帮助你弥补短处、改正过失。正所谓"金无足赤，人无完人"，所以，在日常生活与工作中，学会自省是非常重要的。真正懂得自我反省的人，经过岁月的涤荡，能够将自己从世俗世界中所沾染的各种纷扰尘埃冲洗掉，还自己一个单纯而美好的人生。

在一条街角的小店中，一个年轻人正在借用电话。他先拿出一条手帕，将电话筒盖上，然后，捏着嗓子说："你那里是王公馆吗？我是来应征你们的园丁工作的，我有着非常丰富的经验，我认为自己肯定能够胜任。"

电话对面的接线生回答："不好意思，先生，您是不是弄错了？我家主人非常满意现在所聘用的园丁，主人说园丁是一位十分勤奋，并且极其尽责的人，因此，我家主人并没有打算换园丁，我们这里并没有园丁的空缺。"年轻人听了之后，就十分有礼貌地说道："对不起，也许是我弄错了，打扰您了。"说完就将电话挂了。

小店的老板在听完这个年轻人所打的电话之后，就说道："年轻人，你是想要找一份做园丁的工作吗？我有一个亲戚，正好要请人，不知道你有没有兴趣呢？"谁知，那个年轻人却回答道:"对于您的好意,我表示感谢,实际上,我就是王公馆的那个园丁。我刚才之所以打这个电话,主要是想要进行自我检查,确定我的表现是不是与主人的标准相符罢了。"

在人的一生中,最大的敌人不是别人,而是自己。只有那些懂得认真对自己进行审视,时刻进行反省的人,才有可能获得真正的觉悟。反省就是一棵智慧树,只有深深地将其植入你的思维中,它才能够与你的神经相互联系起来,源源不断地为你提供超人的智慧,让你的人生之路变得更加顺畅,更加精彩。因此,不管是在工作中,还是在生活中,我们都要善于自省,这样才能够让自己不断进步。

然而,在现实生活中,有不少人不仅不懂得自省,反而经常自作聪明,面对自己所犯下的错误,她们总是寻找各种各样的借口。举个例子来说,当一个女人不小心打碎了别人的花瓶时,她并不会觉得这是自己的鲁莽与冒失造成的,反而会抱怨"刚才走的那块地太滑了""那个花瓶太不结实了"等。她自以为是地认为这些借口似乎可以将对方的责备堵住,殊不知,她这样做只会令别人更加笑话自己。因此,聪明的女人一般都不会犯这样的错误。

美国西点军校奉行的最为重要的行为准则就是"没有任何借口"。它所强调的重点就在于要为成功寻找理由,不要为失败寻找借口。不管做什么事情,只要出现了差错,而做这件事情的人又想为此找借口,那么一个完美的借口就已经新鲜出炉了。但是,我们应该知道,借口与成功永远不会生活在同一屋檐下,所以这一做法是相当愚蠢的。

一个擅长进行自我反省的人往往能够及时发现自己身上的缺点以及所犯的错误，并且也明白只有真诚老实地认错才是最为明智的选择，而非想尽一切办法，寻找各种理由为自己进行辩护。要知道，借口只不过是一个人在犯错之后为自己找来的挡箭牌，是自我原谅、敷衍别人的护身符，是掩饰自身的缺点、弱点，逃避责任的"百灵丹"。而这样做的后果只能让一个人变得越来越糊涂，从而自我屏蔽一切缺点、弱点，从而在自欺欺人的泥潭中越陷越深。

　　每个人的身上都或多或少的存在着缺点或弱点，这是很难避免的。然而，倘若有了缺点却不愿意承认，犯了错误却不愿意认错，那么就不能够及时地进行改正。如果不及时进行改正，那么又怎么能够进步呢？

　　因此，如果你们想要成为聪明的人，那么就应该将自省作为观照自己的镜子，在镜子前将自己的衣衫整理整齐，将自己的心情收拾好，真诚地接受别人的指正，及时改正错误，就可以收获高贵的人格。在你自以为是，为自己所犯的错误寻找理由的时候，自省就好像一股清泉，洗涤你思想中的浮躁、浅薄、自满、狂傲等不良情绪，重新显现出昂扬、清新、高雅的旋律，让你的生命再一次绽放出灿烂的色彩。

第四章 修养,是女人永恒的气场源

修养是女人永恒的气场源。但是,你们对修养了解多少呢?为了成为一个有修养的女人,你必须谨记:修养是一个人精神的长相;优雅是一种源自内心的气质;欣赏别人是一种提升自我修养的本领;有一种美丽连时间都能打败……

修养，一个人精神的长相

可以说一个人只有在具备人所应有的涵养与尊严的时候才具有真的价值。修养是一个人精神的长相；修养是女人永恒的气场源。因此，请做一个有修养的女人！

对于女人而言，什么是最重要的？美丽的容颜、非凡的学历、殷实的财富……的确，美丽的容颜往往会给人一种美的享受，可是这也仅仅是表面功夫，根本禁不住时间的考验；渊博的知识往往会令人羡慕，可是，谁会为你埋单是一个问题；殷实的财富能让女人任意购买一般人很难享受的高档品，可是一身名牌至多让人们认为你很有钱，而不会认为你很尊贵。因此，对于一个女人来说，你可以不美丽，可以没有气质，但是绝不能缺乏修养，因为没有人会喜欢修养极差、品位很低的女子。

修养属于一种潜在的品质，有修养的女人不会因为岁月的流逝而失去光华，只会越来越明亮迷人。那么，修养到底是指

第四章 修养，是女人永恒的气场源

什么呢？

修养不是唯我独尊，也不是随心所欲，而是善待他人，同时也是善待自己，真诚地关注他人，耐心地倾听他人的谈话，用心地感受他人的想法。尊重别人就等于尊重自己。真正的修养来自一颗爱自己、同时也爱别人的炽热之心。修养的最好的诠释就是"己所不欲，勿施于人"。

小美是一个长得非常漂亮的女孩，而小玲则是一个长相普通的女孩，她们是同时加入某公司的。刚开始的时候，小美因为美丽的外貌得到了很多人的喜欢，尤其是公司的男同事，所以，很多人都有事没事地喜欢围着她转。由于这个原因，小美觉得自己就是一个高贵的公主，别人就应该以她为中心，因此在与人交往时总表现出一副高高在上的样子。而且，小美的脾气很不好，只要不高兴就胡乱发脾气，甚至会因为一丁点儿的小事儿将同事骂得狗血淋头。于是，同事们都慢慢地开始疏远小美了。

而小玲虽然长相一般，但却是一个很有修养的女孩。在与人交往的时候，她总是礼貌地对待别人，认真地倾听别人讲话，尊重别人的想法，这让每一个与她交往的人都感到十分舒服。所以，大家慢慢地都喜上了这个可爱的小姑娘。

有些女人的外貌非常美丽，但是其言语却十分粗俗，行为也很粗鲁，那么，这样的女人即便吸引人，也只是暂时的。慢慢地，人们就会对她望而却步。而有些女人虽然相貌普通，但是，其言谈举止都非常有修养，那么她们将会逐渐地赢得所有人的心。

时间夺去女人美丽的容颜，但却夺不走女人经历岁月的积淀而绽放出来的美丽。而这份美丽正是女人历经岁月的洗礼而修炼出来的修养和智慧。富有修养的女人就好像潺潺的溪水，浸润着四周的人。修养是一种简单而纯净的心态。富有教养的女人是自信而干练的，明白得到和失去之间的平衡法则。富有修养和智慧的女人，可以让自身的美丽在不同时期表现出不同的状态，一生都散发着无尽的魅力。英国著名的政治家——切斯特菲尔德曾经说过："一个人只要自身具有教养，无论别人的举止有多么不恰当，都不能伤他一分一毫。他很自然就给人一种凛然不容侵犯的尊严，会得到每一个人的尊重。一个缺乏教养的人，则非常容易令人产生鄙视的心理。"

既然对于女人来说修养是如此重要，那么女人应该怎样做才能使自己的修养得以提高呢？

通常来说，提高女人修养的最佳方式就是中国的琴、棋、书、画。因为这四者中，不管是哪一种都蕴含相当浓厚的文化底蕴。女人如果学琴，那么就可以平心静气，内外一心，感悟那高山流水之音的美妙；女人如果学棋，那么在做事情时就不会三心二意，而是专心致志；女人如果学书，那么就可以领略王右军的线条流畅、张旭的豪情挥洒，培养出宽博的胸怀和平淡的心境；女人如果学画，那么就可以理解齐白石的浅水虾戏，养成一种恬淡的心境。

不过，学习琴、棋、书、画，都要求具有较多的时间与精力，有的时候，甚至要求具有良好的天赋，不入门者几乎不能窥探其中的奥妙。因此，对于现代都市女性来说就显得有些难度了。

但是,女性朋友们除了可以选择琴棋书画来修炼修养之外,还可以通过注意生活中的小细节,从一点一滴中慢慢地提升自己的修养。比如,在日常生活与工作中,讲究文明礼貌用语,不说粗话;重视别人递过来的名片;学会倾听;尊重别人等。

不管怎么样,一个人的修养不可能在短时间内练就,它是一种习惯的积累,一种素质的综合。倘若把修养比喻成娇艳的鲜花,那么智慧就是其不可或缺的养分。对于女人而言,修养是宽容与博爱,是自信的风采,是令人羡慕的风姿。若想成为一个品位高雅、拥有强大气场、受人欢迎的女人,那么请先修炼好你的修养吧。

优雅,一种源自内心的气质

女人的容颜,并非她是否美丽的决定性因素。"真正使女人变美丽的,应该就是其坦率的语言、端庄的举止以及贤淑的心灵。"

何为优雅?难道你全身上下都穿着各种名牌,就能证明你是一名优雅的女性吗?答案当然是:NO!优雅的女性只穿着普通的衣衫,也能显示出独特的气质来。她们的一举一动,甚至是一个眼神都能令人不自觉地着迷。

优雅女人的气质就好像青翠的竹子,不仅亭亭玉立,而且高贵脱俗,即便只是穿着一袭布衣,人们也可以从她简单而质朴的外表上将那种感觉捕捉到。优雅的女人应该有丰富的内涵与文化底蕴,这就是除去外表后的境界。

在一次具有权威性的世界文学论坛会上,有一位小姐非常优雅地坐在自己的座位上。她并没有因为自己被邀请到了这么一个高级的场合而表现出十分激动的样子,也没有因为自己取得的成功而四处招摇,而是表现出一种不同于他人的高贵气质。她安静地坐着,偶尔也与旁边的人就写作的经验进行交流。更多的时候,她都是在认真而仔细地对身边的人进行观察。

这个时候,有一位来自匈牙利的作家走到她的身边,问道:"美丽的小姐,请问你也是一名作家吗?"

小姐非常亲切而随和地回答道:"我应该算是吧。"

匈牙利作家接着询问道:"哦,那么,你都写过一些什么样的作品呢?"

小姐微微一笑,非常谦虚地回答道:"我仅仅写过小说罢了,并没有写过别的东西。"

匈牙利作家听了之后,顿时表现出一副十分骄傲的神情,并且一点儿也不掩饰自己内心的优越感:"我也是写小说的,到现在为止已经写了三四十部,不少人都认为我写得非常好,也有很多读者给予了好评。"说到这里,他又问道,"你也是写小说的,那么,你到现在为止写了多少部小说了?"

小姐仍然十分随和地回答道:"与你相比,我可就差远了,我仅仅只写过一部小说罢了。"

此时,匈牙利作家就更得意了:"你才写了一部呀,我们交流交流写作经验吧。对了,你说说你所写的小说的名字,看我能否为你提一点儿意见与建议。"

小姐还是很和气地说道:"我写的那部小说,名字叫作《飘》,后来,拍成电影的时候,将名字改成了《乱世佳人》,不知道你有没有听说过这部小说?"

听到这里,那位匈牙利作家顿时感到万分羞愧,原来,她就是赫赫有名的玛格丽特·米歇尔。

由此可以看出,优雅并非天生就有的,也不是自己夸夸其谈。优雅是一种气韵,是一种坚持,同时也是一种时间的考验。从一个女人所表现出来的优雅举止中,可以看见一种文化教养,会令人感觉赏心悦目。

优雅是一种来源于丰富的内心、智慧以及博爱的感觉,这种感觉应该是一种理性与感性的完美结合。

一个长相美丽的女人不一定优雅,但是优雅的女人却必定会是"美丽"的。因为她的知识与智慧令人信任,她的细腻和关爱令人依赖。人们可以从她那充满韵味的举手投足以及一颦一笑中体味她身上的那种智慧、细腻与关爱。

女性对美独特的见解与追求也是一种优雅。如果整天不修边幅,衣冠杂乱,那么不管怎样也与优雅沾不上边。因此,凡是优雅的女人,其着装必然是富有格调却不甚张扬的,那种感觉就好像是安静地倾听苏格兰风笛,十分幽远而又沁人心脾。

你们想要成为优雅的女人吗?如果答案是肯定的,那么你们需要清楚下面的10个生活小细节:

第一,并不是所有的人都适合香奈尔。与其用香奈尔将自己装扮成"圣诞树",还不如选择简单得体的衣着。

第二,走路应该轻一点儿,步子应该慢一点儿,鞋跟不能拖地,上楼梯的时候尽可能轻一点儿。

第三,化妆注意适可而止。倘若你不是十五六岁的小女孩,还是少用那些艳丽色彩为好。

第四，语速应当快慢适度。遇到事情就表现出一副急吼吼的样子，那是非常难看的。当然，如果说话的时候，太慢了，也是令人不喜的。

第五，在出门之前，应该将手指甲、脚指甲以及脚后跟修理整齐，因为这些小细节往往会将你的生活侧面暴露出来。

第六，在用餐的时候，应当懂得基本的餐桌礼仪，比如喝汤的时候不要随意出声。

第七，在上车之前，应该尽可能地将自己的裙子整理好，以防止走光。在坐下的时候，应当双膝并拢，收紧下摆，后背保持挺直。

第八，不要胡乱地将垃圾丢弃。即便心情再不好，也不要拿公共场所的物品出气。

第九，每时每刻都让自己感觉轻松，这样，优雅的姿势才会让人觉得十分自然。

第十，学会微笑。随时微笑，真诚地为他人喝彩。

女人应当优雅地活着，即便自己已经不再年轻，也要优雅地老去。一个人的优雅与其年龄大小以及钱财多少并没有太大的关系，其最为关键与重要的是心态以及对待生活的态度。女人们，请优雅地活着，即便活得很辛苦，甚至已经一无所有，也应当优雅地守护着这种清贫，做一个魅力十足的优雅女性。

欣赏别人是一种提升自我修养的本领

有凸出就有凹陷，有优点就有缺点，优点有时还会成为缺点，人生就是在这种不安定状态下延续下去的。然而，正是这个不安定状态促使我们去探索、去发现，促使我们不断地积累爱与德。所以，女人们，请学会欣赏别人，因为这是一种提升自我修养的本领。

每个人身上都有优点，同时也都有缺点。对此，想必所有的女人都不会否认。在与别人交往的时候，如果总是盯着别人的缺点，那我们肯定会变得高傲孤独，变得不合群。有的时候，你眼中的缺点在别人看来可能是优点。你说别人小气吝啬，别人反而会认为是勤俭节约；你说别人固执己见，别人可能会认为是信念坚定。看一件事的角度不同，其结论自然不同。

生活是一门深奥的大学问。生活在人世间，有不少人都觉得不幸福，原因往往在于他们只看到了自己的缺点和别人的优点。但是，人往往只能看到眼睫毛等与自己距离最近的东西。

一个人如果只能看到别人的缺点，眼光就会短浅，就会不自觉地产生一种优越感，自我感觉良好，而这样的心理是十分危险的。

有的人总会拿自己的优点去和别人的缺点进行对比，这样越比越盲目。其实，优点与缺点并不存在什么可比性，这种比较也没有任何意义。问题是，这样的比较会让我们搞不清楚自己与别人之间真正的距离。

有一位名人曾在自己的日记中这样写道：

"每个人都具有各自的长处与短处，与此同时，每个人也都具有善良的一面与丑恶的一面。善于发现身边众人善良一面的人是能够引导这个世界走向光明的人。

要想成为这样的一种人，首先要做到以身作则、胸怀坦荡、光明磊落，要做到最大限度地尊重他人，为他们创造宽松的环境。"

这个名人在日记中所写的这两段话，生动地展现了自己对"善于发现众人善良一面的人"的论述，我们可以将之理解为他在大力倡导人们要"学会欣赏别人，善于看到别人身上的优点"。在当今社会中，只有练就一双"懂得欣赏别人，善于发现别人优点"的眼睛才能更好地处理好与他人的关系，才能让你拥有更多的朋友，你的生活才会变得更加幸福快乐。

在很久以前流传着这样一个故事：普罗米修斯制造出了人，并且还将两只口袋挂在了每个人的脖子上，其中一个用来装他人的缺点，另外一个用来装自己的缺点。他把装他人缺点的袋子挂在人的脖子前,把装自己缺点的袋子挂在人的脖子后。

因此,人们总是能在发现自己的缺点之前就发现别人的缺点。实际上,如果眼睛总盯着别人的缺点,那就一定能够发现别人的缺点;如果眼睛总是看着别人的优点,那就可以看到别人的优点。总是看着别人的缺点,这本身就是一个大缺点。因为,你看不到自己的缺点,你就会认为自己是最完美的人。

有一个漂亮的姑娘出嫁了。虽然已经结婚,但是娇生惯养的她在婆家生活了一段时间之后还是感觉有点生气。于是她就跑回家向自己的父母诉说在婆家的遭遇。听完姑娘的经历后,双亲耐心地对她进行了劝导,但是她仍旧表示要离婚。

这时,爷爷从书房里走了出来。他给了孙女一张很大的白纸与一支笔,并且说道:"孙女婿不好好疼你,反而欺负你,真的太过分了是不是?"

女孩将纸和笔接了过来,十分委屈地回答:"嗯,他一点儿都不心疼我,整天就知道欺负我。爷爷,您可得为孙女做主啊。"

爷爷笑着回答:"必须的!你先按照我的吩咐去做。现在,你就开始回想,只要想到孙女婿一个缺点,你就在纸上用笔点一个黑点。"

女孩听从了爷爷的吩咐,一边回想,一边用笔在那张白纸上不停地点黑点。

过了一段时间,女孩停下笔来。这时,爷爷将那张白纸拿起来看了一眼,问道:"除了这些,还有别的吗?"

女孩想了一会儿之后，又拿起笔点了三个点。

等到她点完以后，爷爷心平气和地问她："孙女，你认真看一下这张白纸，然后告诉我都看到了什么？"

女孩很是愤怒地回答："黑点！那么多黑点，全是那个坏男人的缺点啊！"

爷爷仍然心平气和地继续问道："你再仔细看看，除了黑点以外，你还能看见什么。"

"什么都没有了！都是黑点嘛。"

但爷爷并没有因此罢休，反而继续追问。在这种情况下，女孩非常不耐烦地回答："要是非得说还有什么，那就是白纸的空白部分了。"

爷爷面带微笑地说道："太棒了！黑点代表着孙女婿的缺陷，而空白部分则代表着孙女婿的优点。你总算看见孙女婿的优点了。你好好想一想，孙女婿的身上是不是也有很多优点呢？"

女孩听到这里，似乎有所感悟，默不作声地想了很长时间，最后，她终于点了点头，开始细细地数丈夫身上的优点。脸上的愤怒之色逐渐地褪去，语气也慢慢地变得缓和，最后终于笑了出来。

从表面来看，人与人之间的区别并不大。但是事实上我们每个人都有自己的性格，有自己的脾气，有自己的想法。从这个角度来说，我们也都拥有着太多数不清看不明的残缺，有太多说不清楚的阴暗意识在内心流淌。有的人会将这些个性表现出来，这就难免会给别人留下一些不好的印象，而有些人则会将这些个性隐藏在自己的内心深处，不会轻易地向外人说起。

如果你讨厌一个人，那么在你的眼里就只能看到对方的缺点，这是人性的盲点。

坦率地讲，生活在现代社会中的人们，确实过得很累，也很苦，但是，这种累与苦并不在于工作的压力与人际关系的紧张，而是源自我们高看了彼此，对彼此产生了太大的期望值。

我们生活在一个信息高速发展的时代，在做事说话时难免会受到多方因素的影响，所以一些人力求完美，在得失中寻求着平衡的支点。一些人在模糊和清醒中对别人进行评判，对自己过于高估，在不清不楚的思绪中批评别人总是犯这样或者那样的错误，抑或是指责别人身上有各种各样的缺点。

仔细想想，难道我们所讨厌的人就真的是一文不值，可恶至极吗？难道我们所理解的人性就如此经不起利与弊的磨合与打击？

事实并不是这样的。当我们在用审视的目光看待别人的时候，为什么不多想想自己是否也是这样呢？为何我们不用逆向思维去审读别人的优点，而老是抓住别人的缺点不放手呢？

一个人身上的优点要多于缺点，这是必然的。就算一个人表面十分不堪，但是他总会有一两个吸引别人的地方。所以，不论是谁，他总有让我们敬重之处，总有他的独到之处。不管他曾经做过什么，他总有令他人望尘莫及的地方。

俗话说得好："人非圣贤，孰能无过。过而能改，善莫大焉。"我们每个人都有犯错的可能，大部分人在诱惑面前都会有些心动。所以，犯错误就是难免的了。

有时候想一想,我们与其一味地去抱怨别人的错误,去指责他们的缺点,还不如静下心来用宽广的视野去发现一个人的优点,用广博的胸襟去容忍别人对自己的不公正。这样,我们至少学会了在赞赏与感恩中生活,学会了豁达,让生命的意义在蜕变的同时,又传递着人与人之间的包容与关爱。

因此,女人们,当我们面对别人的时候,不管是对手,还是我们眼中的敌人,走到最后我们依然是朋友。学会欣赏别人,多看看别人的优点,或许你会更快乐。

有一种美丽连时间都能打败

什么样的女子最美丽?有品位、有修养的女子最美丽,而且这种美丽连时间都能够打败!

随着岁月的飞逝,女人的美变得十分神奇。花季雨季的年纪,正是青春时期,不用过多地进行修饰。这个时候的女人即便是一脸的稚气,但是却从上到下、从里到外都透露出漂亮和美丽。

当女人走过花季雨季之后,开始在20~30岁的道路上奔跑,女人的美就开始转变了。处在这一时期的女人就好像盛开的花朵,曲线已经成熟了,同时也具有了对自己外表进行装饰的意识与经济能力,漂亮的衣衫,各种各样的化妆品,让女人的美变得更加有味道。与之前的青涩相比,该阶段的女人透着一种成熟的美。

但是,不管是少女,还是熟女,其美丽的容貌会随着时间的流逝而逐渐衰老,即便天生丽质也没有办法抵挡岁月在脸

第四章　修养，是女人永恒的气场源

上留下的痕迹。所以说，青春和美貌给女人带来的魅力都是短暂的。

在芳华正茂时期，我们可以为自己天生的美貌和身材感到庆幸，但是女人只要过了二十七八这个分水岭，该庆幸的应该是自己在后天塑造起来的另外一种美。这是一种能够与时间进行抗衡的美——品位、修养与气质。

时间可以夺走一个女人的容貌，却夺不走一个女人的魅力。漂亮的容颜固然令人欢喜，但是有品位、有内涵的女人更加吸引人，更令人着迷。而且，更重要的是，这种美丽连时间都能打败。

有品位的女人就好比是美味的酒，随着岁月的流逝，它会变得越发珍贵，比如，陈年佳酿，让人越品越觉得有味；有品位的女人就仿佛好看的书籍，随着岁月的流逝，它内容会变得越发丰富起来，清新淡雅，值得人们细细地进行品读……

一对夫妻正在吵架中：

"我将女人一生当中最美的时光全部给你了，如今，我已经不再年轻了，你是不是开始嫌弃我了？喜欢上那些既年轻又漂亮的姑娘了，你老实说，你在外面是不是已经有别的女人了？"

"你不要总是疑神疑鬼的好不好……"

"你觉得不耐烦了是不是？我告诉你，你不要总将我当成傻子，如果让我逮到了，我肯定不会让你好过的！"

"你真的太不可理喻了！"

男人拿着自己的枕头从卧室走了出来，并且"啪"地一

113

声,关上了书房的门。

男人心想:哎,今天晚上已经是我在本月中第三次在书房睡觉了。

外面漆黑一片,同时也静悄悄的。这个时候,男人想到了另外一个女人。她并非男人在外面的情人,而仅仅只是男人的一个老客户,由于工作关系,两个人偶尔会见见面,或者在一起吃吃饭,聊聊天。

男人脑海中浮现的这个女人,并不是老婆嘴里所说的年轻漂亮的少女,而是一个比老婆大4岁,同时也比男人大两岁,同样结了婚,还生了两个孩子的中年妇女。然而,这个女人整个人的状态与气质完全不同于自己的老婆,全身上下透着一种特有的韵味和优雅。

更重要的是,他们夫妻两个人都为了各自的事业而忙碌着,一起打拼着属于他们的未来,因此,在平常的时候,他们夫妻二人也不经常见面,特别是她的丈夫,常常要去外地出差。有的时候,她的丈夫好几天都不回来,她的丈夫会说:"今天加班加得太晚,就不回家了,直接在公司睡下了。"她每每听到丈夫这样说的时候,首先表现出的并不是怀疑,而是满满的心疼,心疼丈夫的付出和辛苦。

男人曾经非常冒昧地问过她:"难道你从来都不曾怀疑你老公吗?"

女人听了之后,微微一笑说道:"经营爱情的法宝是相信,而经营婚姻的法宝同样也是信任。另外,让女人永葆魅力的关键所在也是相信或者自信。怀疑本身就是一种不自信的行为。更何况,怀疑、猜忌会对夫妻之间的感觉与家庭产生很大的伤害,是女人的一个大忌。"

案例中的男人被别人老婆身上的魅力所吸引着,但是这并非就是男女之情,而只是一种非常纯粹的欣赏。男人之所以欣赏她,并不是因为她有多么年轻或者外表有多么漂亮,而是由于她身上的韵味正在随着岁月的流逝,不断地升华,将她外表的美给盖住了。

原来,女人真正可以留住的并非外表,而是内在的一些东西。例如,智慧、自信以及善解人意等,这些无不彰显着一个女人的生活品位。是的,这种类型的女人令人敬佩,敬佩她脑中的智慧,欣赏她身上的自信,被她的魅力深深地折服。

有品位的女人,通常其心灵都比较丰富,其品性都比较善良,其人格都比较高尚,是一个令人赞叹的性情中人。她们拥有文雅大方的谈吐,从来不会随波逐流、人云亦云;她们拥有深刻而充实的思想,雅致而得体的衣着,在待人接物的时候总是表现出一副淡定从容的样子。她们将自己在生命中所扮演的每个角色,比如人女、人妻、人母以及上司、下属、客户等,都非常用心地进行诠释。

因此,作为一个女人,与其长得漂亮,不如长得可爱,与其长得可爱,不如变得有品位。有品位的女人或许不会令人非常惊艳,令人一见就难以忘怀,但一定是最好相处的,并且,随着交往时间的增长,就越能真切地感受到她身上散发出来的无形的魅力。

知性女子最具魅力

真正使女人充满魅力的，变美丽的，恐怕不是宝石与时装。富有内涵的知性女子，即便穿着普通的衣衫，也能显示出独特的魅力。

女人们，你们知道在当今社会，什么样的女性最具魅力吗？中国传媒大学审美文化研究所通过大量的专项调查得出这样一个结论：温柔、优雅、知性的女人是最受人欢迎的。温柔的女性是最动人的，优雅的女人是最迷人的，而温柔婉约与优雅气质相结合的知性女子才是最具魅力的……

戴尔·卡耐基曾接到一位朋友的电话，邀请他去参加一场晚宴，并且一再强调让他将自己的妻子桃乐丝带上。戴尔·卡耐基的这位朋友是一位政界要员，所以，他举办的宴会上必定会有不少有身份、有地位的人参加。当戴尔·卡耐基将此事告诉他的妻子桃乐丝时，桃乐丝并不乐意参加，因为她对自己缺乏信心。

其实，桃乐丝长得并不是很漂亮，但是在戴尔·卡耐基看来，她是世界上魅力最大的女人。因为桃乐丝十分有内涵，而且精通各种社交礼仪，是一位知性女子。不过，桃乐丝却总是觉得美丽的女人应当是那种外貌漂亮而迷人的时尚女郎。最后，经过戴尔·卡耐基的再三劝导，桃乐丝终于答应与丈夫一起赴约。

当戴尔·卡耐基与桃乐丝到达现场时，宴会已经开始了。确实，前来参加这场宴会的人基本上都是政界的要员，而且他们的女伴也都长得十分漂亮。其中，有一位女士引起了全场人的注意。之所以这样说不仅是因为这位女士长得相当漂亮、迷人，更重要的是，这位女士表现得太"与众不同"了。

通常来说，参加一场正式宴会的女士都会穿一身晚礼服。当然了，如果你不穿晚礼服，也不是不能参加宴会，只不过穿着晚礼服会让女士们显得更优雅、动人。但是，这位女士却不是这样打扮。她上身穿了一件领口开得非常大的吊带衬衫，下身穿了一条超短裙，脚上穿了一双挂满各种精美饰品的长靴。

那天晚上，那名女士可以说是"出尽了风头"。她喝了很多酒，手中拿着食物到处乱走。她基本上与在场的所有男士都碰了杯，而且还与他们进行了交谈。这名女士十分开放，因为每个人都注意到她多次毫无顾忌地将腿抬高，并且多次极其自然地倒在男人们的怀中。戴尔·卡耐基认为，那是他参加过的最为糟糕的一场宴会，因为那名疯狂的女士几乎搅了所有人的兴致。

晚宴结束之后，戴尔·卡耐基与妻子桃乐丝回到了自己的家中。戴尔·卡耐基问妻子:"亲爱的,你认为今天晚上的那名女士迷人吗?"桃乐丝点点头,回答道:"是的,戴尔!我承认那名女士的确是一个罕见的美人。但是,不知道因为什么,我总是觉得不能将她与真正意义上的美联系在一起。"戴尔·卡耐基说道:"是的,你所想的就是我想要说的。尽管那名女士的外貌非常漂亮,但却缺乏魅力十足的灵魂。因此,那名女士并非魅力最大的女人,而我的妻子桃乐丝,具有优雅的格调,迷人的仪态,是一位知性女子,因此,今天晚上最美的女王应该是你才对。"

尽管戴尔·卡耐基所说的话在一定程度上是对妻子桃乐丝的恭维,但是他说的也确实没有错。任何一个女人都非常向往美丽。对于所有的人而言,美都会令人感到心旷神怡,而美丽的女人同样也会令人感觉到心旷神怡。认真想一想,很多艺术家们都热衷于利用女性的身体以及各种形式来表现各种各样的美。对于一个女人而言,拥有美丽而迷人的外貌固然十分重要,可是唯有具有了高雅的风姿才可能让人们的视觉感到真正的美感,才会令人感觉你就是最有品位的。

每个女人都渴望自己可以成为令众人羡慕的"佼佼者",这属于女人的一种天性。女人们都希望同性羡慕自己,异性赞扬自己。但是,很多女人都自认为没有这样的能力,因为她们并没有十分出众的外貌。

虽然女人们没有办法选择自己的外貌,但却可以通过一定的训练让自己变得魅力四射。实际上,一个真正魅力十足的女人并不是必须长着一张漂亮的脸蛋,但却一定要有最令人着迷的风姿以及最为高雅的格调。

或许有的女人会说："我只不过是一个非常不起眼的小职员或者家庭主妇，所以，我不需要培养什么魅力，也根本没有必要追求什么格调。"对于她们而言，每天的生活都是很枯燥，很乏味的，根本谈不上所谓的格调。NO！倘若你们拥有这样的想法，那么就证明你们已经犯了一个十分严重的错误。实际上，只有那些气质出众，魅力非凡，格调迷人的女人，才是最受人们欢迎的，才最有可能在事业上取得成功。

美国某家大公司的公关礼仪顾问——戴维斯先生曾经说过："我给不少公司的公关人员进行过培训。刚开始的时候，我发现几乎所有的人都觉得对一个公关人员而言最重要的事情就是拥有漂亮的脸蛋与迷人的身材，因为不管是谁，都愿意与一个容貌出众的人打交道。我们不能完全将这种说法否定，但是，一个公关人员的外在容貌并非其最为重要的素质，而她们的内在气质才是最重要的。倘若你遇见一个容貌出色但却没有礼貌，说话粗鄙，行为举止十分轻浮的公关员，那么，你肯定也不会对她有什么好感的。反之，倘若对方虽然容貌一般，但是却拥有不俗的谈吐以及非凡的魅力，那么你肯定愿意与之打交道。"

总而言之，女人们，对于自己的外貌，无需太过在意，只要注意有意识地培养自己的内涵与格调即可，因为知性女子才是最具魅力的！

勿须多奢侈，只求精致即可

很多女人都喜欢价格昂贵的奢侈品，但是有品位的人不会费尽心思去追求奢华，只要追求精致即可。

女人们，若想追求品位，不妨从追求精致开始。当女人对所有精致的东西都十分喜爱的时候，那么她自己也将会逐渐地变得精致起来，就好像一件精美的艺术品以及所有精致高雅的事物一样，给人一种美的享受。

有人认为，世界上对于精致的事物最为迷恋的女人，应当是法国巴黎的女人。她们对精致的追求远远地凌驾于物质之上；她们对精致的追求就是生命的一切，这就好比是犹太人痴迷于金钱一样。

巴黎女人追求美味的饮食。在巴黎女人看来，美味的食物是上帝赏赐给人类的一种最美好的享受，因此，她们在每次进餐的时候，都尽量地讲求全方位的享受，在视觉上、味觉上、听觉上，甚至是触觉上……倘若某个方面出现了些许缺陷，她们就会感觉相当遗憾。

巴黎女人热衷于将自己打造得十分精致。不过，她们从来不会盲目地服从于文学或者艺术领域热潮，她们对自己欣赏的东西表示钟爱，并且津津乐道。她们认为，潮流叫出来的精致口号并不是真正的精致，其中夹杂着很多利益的因素，因此，她们宁愿花费大量的时间等着这股潮流退去，直到真正具有很高价值、极其精致的东西出现，就好像浪淘沙一样，耐心地等待着，最终就会有金子沉淀下来。

因此，世人皆知巴黎的女人追求精致，将巴黎女人评论为精致的女人，并非是巴黎女人自己想出来的封号，而是外人给予她们的高度评价。

做女人不妨像巴黎女人那样，将对精致的追求植入自己的骨髓。要想成为一个精致的女人，就必须做好充足的准备，进行一场精益求精的历练。唯有如此，才能够促使自己不断地趋于完美与高尚。

1. 服装

女人在穿衣方面，不需要选择价格多么昂贵的衣物，只需要衣服精致、得体就可以了。很多人认为，衣服的精致程度和价格成正比。或许大部分的事实就是这样，但是，也不能一概而论。因为决定一件衣服最终价格的因素有许多，比如人工价、工厂租金等，还有一些衣服，仅仅因为是由有名的设计大师亲手设计的，所以就标出了相当高的价格，上千上万，甚至几十万、几百万。

因此，越贵的衣服并不一定越精致，不少衣服的价格中都有着丰富的泡沫，出现虚价也是在所难免的。举个简单的例子来说，相同材质甚至是相同厂家批量生产的衣服，放在不同的地方进行销售，其价格会出现很大的差别，比如放在普通商场，其标价可能为200元；放在大商场，其标价可能为500元；放在装修更豪华的店面，其标价可能会是上千块。

因此，女人们在平常选择衣服的时候，最好不要光盯着价格看，而应当多看看质量，只要衣服的针脚比较好，设计精致，看起来落落大方，能够将自己的优势与魅力穿出来就可以了。

2. 饰品

女人们要注意了，在饰品的佩戴上，并不需要太多。很多时候，饰品越少，反倒越能够将自己身上的亮点凸显出来。当然了，既然饰品的佩戴要少一些，那么，就应当做到有亮点。这要求在选择饰品的时候要讲究一些，饰品的质地上不能太粗糙，比如价格便宜的仿金银首饰很容易褪色、发黄，很容易给人一种劣质感，一下子就失了格调。

3. 家居用品

通常来说，家居用品有许多，比如灯具、窗帘、装饰摆设、沙发、茶几以及抱枕等。如果能够让各种各样的精致家居用品齐集在自己家中的话，那么势必会为自己的家增添几分艺术感，令整体的格调都再上一层楼。

4. 餐具

在选择餐具的时候，除了要注意造型工整、完美无瑕以外，最重要的就是釉色，最好是釉色均匀，光泽度较好，花色精致等。这样的餐具在使用的时候，会给人一种赏心悦目的感觉。如果家中来了客人，看到这样像艺术品一样的茶具，必然会顿感这些餐具与茶具的女主人肯定也是一个非常有品味的人。

原谅别人，放过自己

俗话说，"宰相肚里能撑船，将军额头跑得马"，原谅别人是一种美德，是君子的作风，更是智者的行为。原谅别人，相当于放过自己，它不仅体现着人性的仁爱，更体现出一种人生的智慧。

在现实生活中，很多人都特别执着于别人犯过的错误，形成了一种消极的思想包袱，于是，他们对待他人不再信任，不少事情都不能放开，对自己的思维进行了限制，同时对他人的发展也进行了限制。

王健是一家商场的销售主管，一开始是一个小职员，做了好几年升到主管的位置，但是之后就再也没有高升过。他对经理的位置一直是垂涎三尺，但是好几次提升都没轮到他，这让他相当郁闷。其实，王健的工作能力还是有的，对工作也是兢兢业业，唯一的缺陷就是说话办事往往不留余地，遇事比较较真。他的朋友曾经多次劝告，但是他一直没有在意，认为自己做到了实事求是。

一次,王健跟另一个主管张磊去见一个大客户,由于时间很紧,王健让张磊走高速,而张磊觉得辅路更方便,因此绕进了辅路。可惜张磊对路线并不熟,加上堵车,两人迟到将近两个小时。到约定的地点时,那位客户已经愤然离开了。

王健十分恼火,一个劲儿地责备张磊,觉得是他的逞强让公司失去了一个大客户。

张磊只好先道歉,承认是自己的失误,还说愿意把自己的客户让给王健,但王健还是喋喋不休。张磊心里也很憋屈,随口说:"你还没完没了了!"王健怒火一下子烧起来了,大声责怪:"你这是什么态度?你这样很难提升业绩的!真不知道人事把你招过来干吗!"两人吵了一架,各自回到公司。

刚到公司,王健就到经理那里把刚才的事情说了一遍,然后还总结性地说:"我觉得这个损失完全是由张磊造成的,跟我没什么关系。"后来张磊被经理训了一顿,扣了奖金。

同事们听说这件事后,觉得王健太过分了,同事之间完全没必要这么较真。于是很少有人愿意再跟他合作,王健渐渐被孤立起来,同事关系越来越差。

俗话说:得饶人处且饶人,有理也得让三分。这就是说,做人不妨大度一些,对待他人也不妨宽容一些,给别人留有余地,才不至于让别人处于不堪的局面,从而避免许多矛盾的发生。与此同时,这也给自己创造了更多的有利机会。

无数事实证明,与其"以眼还眼,以牙还牙""睚眦必报",倒不如既往不咎,选择宽容地对待他人。一个宽容之人,总会得到上天的眷顾。

有一回,楚庄王宴赐群臣喝酒。当时夜色已深,大家喝得正热闹的时候,灯火突然被风吹灭了。

有人浑水摸鱼,趁着这个机会悄悄地拉扯了一下美人的衣裳。美人当然是楚庄王的美人,她将那个人的帽带拉断了,以便留作那人对自己行事不轨的凭证。美人把这件事情告诉了楚庄王,并说自己已经扯断了那人的帽带,只要把火点上以后看看谁的帽带被扯断了,就可以判断出是谁不老实了。

那位不老实的人吓得要死,没想到自己窃色不成,反倒栽了个大跟头,心想:自己这还有好下场吗?

谁知楚庄王却说:"宴赐文武大臣饮酒,让人喝醉了而做出失礼的行为,怎么能够为了彰显女人的节操而让臣子受到屈辱呢?"接着,他又传下命令,让每一位大臣都将自己的帽带拉断,然后才命人把火点上。

三年后,楚国与晋国之间爆发了战争,有一位大臣总是身先士卒,冲在队伍的最前锋,奋勇杀敌,带头将敌人打退了,最后取得了战争的胜利。楚庄王讶异不已,问道:"我并没有对你有过什么特别的优待,你为什么要为我拼命到这般地步呢?"那位大臣回答说:"臣本是该死之人!想那晚酒后失礼,君王您却不予深究。我愿为您肝脑涂地,死而后已!"

我们不妨试想一下,楚庄王在得知自己的美人被调戏以后,如果没有选择原谅,而是当场暴跳如雷,立即对那位行事不轨者报以颜色,那么日后他还能得到一个甘愿为他肝脑涂地的臣子吗?显而易见,楚庄王的宽容让自己得到了丰厚的回报。

假如有人曾经仇恨你，你既往不咎，这在很多人眼里往往是难以理解的，会被认为是一种违反逻辑的行为，甚至被斥为怯懦。然而，既往不咎意味着一种器量，是大度的表现。

有人说，消灭敌人最好的方法就是把他变成朋友。"大肚能容，容天下可容之事；笑口常开，笑天下可笑之人。"以宽容的精神对待他人、不计前嫌地以恩惠去回报他人，这是一种向上的、与人为善的道德取向，对于做事有着积极的意义。

原谅别人是一门高深的生活艺术。但是，原谅别人，并不意味着无原则的宽容：对于不珍惜宽容之人给予宽容，那便是滥情；对于不值得宽容之人给予宽容，那便是姑息；对于做尽坏事之人给予宽容，那便是放纵。

原谅别人，并不意味着尊严与人格的丧失，反而对于人们穿越人生中的平庸有很大的帮助。一个人只有具有既往不咎的思想境界，才能够懂得人生的真谛。

当然了，宽容的含义并非局限在人们之间的理解与关爱中，而应该将内心对世间所有生命产生的豁达和博爱都涵盖在内。

第五章 永葆魅力，给自己披上优雅的外衣

你想要成为一个永葆魅力的女子吗？你想要时刻接受他人瞩目的眼光吗？如果你的答案是肯定的，那么你必须给自己披上优雅的外衣。你需要这样做：摆脱懒惰、保持自信、微笑面对每个人、多读点书……

不要把懒惰当作真性情

惰性是人类的一种本能,以便保存自身的能量和避免危险。于是,人类陷入天人交战的境遇:一方面被基因牵制,说服不了自己改变懒惰;另一方面,为了实现自我的需求,必须积极地做事,让自己的人生变得更有价值和意义。不过,你可不能将懒惰当作真性情,因为懒惰是人生的大敌。

其实,懒惰并非百分之百有害。大自然中的动物为了生存下去要不断地储存能量,于是,多数动物都需要懒惰,因为这样可以保障自身的能量不被轻易地浪费掉。像猩猩、狗熊、狮子等动物,在一天中的大部分时间里,都懒洋洋地趴着一动不动。但是,不要忘了,动物需要保存自己的能量,也需要不断地通过运动保持自身的猎食能力,通过猎取食物获得新的能量,更要小心不让自己成为其他动物的口中餐。

今天,人类不用再为生存而保存能量,因为有足够的食物可供人类随时享用,但还是无法摆脱基因的束缚,懒惰在人类的意识中潜伏着,一有机会便会浮出水面。人们任由自己自甘堕落,追根到底都是为了免于为改变自己而付出行动,是为了满足对惰性的需求。而有成就的人,不会放任自我,皆以克服懒惰、立志勤奋作为自己的座右铭。

战国时期,有一个名叫苏秦的人,大器晚成。年轻的时候,因为学问学得不到家,所以到各个国家去游说,都没有得到重用。回到自己的家之后,他的父母都看不起他,嫂子也不把他当回事,兄弟姐妹也对他进行讥讽,说他整天不务正业。就连他的妻子都不理解他,知道他回来也不看他一眼,继续自己手上的工作,更别说去门外迎接他了。

而这一切给了苏秦很大的刺激,他暗暗发誓一定要出人头地。于是,他"头悬梁,锥刺股",拼命地学习。就这样,苏秦学成之后,就找到了燕文侯进行游说,最后,获得了燕文侯的资助,又前往赵国进行游说。赵王在他一番晓以大义、陈以利害之后,"乃饰车百乘,黄金千镒,白璧百双,锦绣千匹,以约诸侯"。后来,他又先后前往韩、魏及齐等国进行游说。于是,苏秦"为纵约长,并相六国",成了历史上相当有名的政治家。

试想,他的人生如果不把勤奋放在第一位,又将是怎样的结局呢?勤奋,正是懒惰最不愿意看到的啊!

人们往往把一个人的成功归结于他的天赋,殊不知,他的天赋也是从勤奋中得来的。没有任何成功来得轻松,它需要人们为之付出不懈的努力,所以,我们必须勤奋。

同样，在生活中或者在工作中，要做出高于其他人的业绩，要想比他人更幸福，除了克制自己的懒惰，没有任何捷径可走。

当懒惰粉墨登场，走上人生舞台，会让人们的生活变得极为乏味。这种乏味会削弱人们的意志，让人们失去自制力，直到人们再也提不起精神与无聊的生活对抗；这种乏味让人们对未知的世界无能为力，成为一个满腹牢骚的人。懒惰最大的作用就是在人生之路上设下重重阻碍。

接下来，懒惰会促使人们逃避现实或是对一些事情做出妥协，让人们不能面对自己内心深处的真实需求以及现实中的自己。懒惰剥夺了人们按自己的意愿行事的能力，也剥夺了人们感受这个世界的权利。

最重要的一点是，懒惰使人们放弃了自己的人生责任。人们在伪快乐的巨大诱惑下自甘堕落，就像"快乐中枢"实验中的小老鼠，通过不停地按压杠杆获得快感，最终让自己丧命于快乐之中。人也是如此，在快乐面前，拖不动自己贪恋沙发的身体，停不下自己贪吃的嘴，直到把自己变成一个娇生惯养、好吃懒做的怪物。

懒惰让人们变得简直不堪一击。人们在自我思想的世界里梦想着、期盼着现实的眷顾和情有独钟。日复一日、年复一年，衰老了，没有精力了，被病痛折磨着，什么也做不了。

在每个懒惰的人看来，生活最终的目标就是享受生活，而勤奋工作只会让人们的身体变得疲惫不堪。其实，这种想法是不科学的，同时也是逃避自己应当承担的责任的一个借口。在现代社会中，机遇与挑战随处可见。一位聪明的职场人士绝不会让任何一个机会从自己的眼前溜走。虽然这些工作可能没有很高的薪水，可能会非常辛苦，但是它可以很好地考验自己的意志，帮助自己培养坚韧的性格，是提升自身能力的宝贵财富。所以，正确地认识工作，勤勤恳恳地努力去做，才能充分发挥自己的能力。

不少人都觉得，老板对自己过于苛刻，根本不值得他们为其卖命工作。但是，他们却忽视了：虽然虚度光阴、不认真对待工作，会对老板造成伤害，但是受到更大伤害的还是你自己。有些人为了能顺利地逃避工作费尽了心思，却不愿意花费相同的时间与精力去努力工作。他们觉得自己很好地将老板骗过了，实际上，他们愚弄的人仅仅是自己罢了。老板可能并不是对所有员工的表现都了如指掌或者对每一份工作的细节都耳熟能详，但是每一个优秀的管理者都知道，努力工作的结果是什么。可以确定的是，不管是升迁，还是奖励，都是不会降临在懒惰、混日子的人的身上。

所以，不管在生活中还是在工作中，要想让自己过得幸福、成功，就一定要比别人更努力，比别人付出更多的汗水。唯美的人生，需要少一些懒惰，这样才会让自己成为最成功、最幸福的人。要相信，懒惰并非人的真性情，反而是人生的大敌，世界上没有做不好的事情，只有做得不够好的事情。

自信,女人走向成功的法宝

美国作家爱默生曾经说过:"自信是成功的第一秘诀。"一个人倘若缺乏自信心,就不可能会有一番大作为。不管你是什么样的人,从事哪一个行业,都应该将自信放在首位,自信是你走向成功不可缺少的因素之一。

自信是一种心态,有自信的人不会因为任何的困难与挫折而变得消沉沮丧。

具有"美国商业女奇才"之称的劳伦·斯科尔斯接管了一家即将破产的纺织工厂。这家工厂已经连续三个月没有接到任何一份订单了,员工们的情绪都很低落。不过,劳伦通过认真地研究与分析之后,她坚信:她自己有能力让这个工厂重新红火起来。不过,她的心中相当清楚,当前最重要的事情并非如何解决工厂的问题,而是怎样将员工们的斗志唤醒,怎样帮助她们消除恐惧,让她们再次变得自信起来。于是,劳伦召集了

第五章 永葆魅力，给自己披上优雅的外衣

全体员工，召开了一次大会。

在会上，劳伦并没有直白地向员工们阐述自信是多么重要，也没有夸口说自己可能能够救活工厂。她只是在刚开始时就问了员工们一个问题："各位员工，你们觉得，一个身体健康的人与一个身体有残疾的人比起来，哪一个更容易获得成功呢？"员工们不知道她想要说些什么，只能老实地回答，自然是健康的人。

劳伦微笑着点头道："大多数人都是这样想的，但是我却不这么认为。有一次，我与两个朋友一起去探险。我的这两个朋友一个是聋子，一个是瞎子。我们打算去一座风景如画的深山中去游玩。然而，没有想到的是，半路出现了一道地势十分险恶的峡谷拦住了我们的去路。那个时候，我真的非常害怕，因为我看见不仅峡谷非常深，而且涧底的水流也相当急。更要命的是，通向对面的唯一道路仅仅是由几根光秃秃而且还晃晃悠悠的铁索组成的。我知道，如果我稍有不慎从上面掉下去，那么我必然会丧命的。"

听到这里，底下的员工一个个脸上也都显露出十分紧张的神情。劳伦接着说道："原本我认为我的两个朋友肯定也像我一样吓坏了，但是，没有想到的是，他们竟然丝毫不害怕，反而十分淡定而从容地走了过去，只剩下我一个人还留在原地。事情发生之后，我感到十分奇怪，就问我那两个朋友是怎么做到的？我的瞎子朋友告诉我，因为她的眼睛看不到，所以并不知道山很高，桥很险，于是很平静地走了过去。而我那个聋子朋友则告诉我，由于她的耳朵听不到，因此，她不知道脚下的河水在疯狂地咆哮，这样一来，她的心中也就没有感到太大的恐惧。"员工们听到这里都表现出一副豁然开朗的样子。

这个时候,劳伦开始进入正题:"各位,正是由于我太'健全'了,因此我才考虑得太多,从而使我丧失了走过去的勇气。事实上,阻挡我前进的并非峡谷与铁索,而是我在面对现实时所产生的恐惧。现在,你们当中肯定有不少人都对我们厂如今面临的状况感到十分恐惧,其心态与当时我的心态是一样的。"

在那次会议之后,那家纺织厂的所有员工都变得斗志昂扬,干劲十足。没多久,整个厂子就重新红火起来。当我问她们为何会发生这样大的改变时,那些员工们微笑着对我说:"我们不能让内心的恐惧心理阻挡我们前进的脚步。"

我们暂且不去管劳伦所说的这个故事是否属实,但是其中的确给我们展现了一个极其深刻的道理:自信就是一种坚定的信念,同时也是一种顽强的意志,而恐惧则是这种信念与意志的头号大敌。倘若我们对某件事情充满了信心,那么我们就不会有这方面的恐惧,就更容易获得预期的效果。反之,倘若我们缺乏信心,那么恐惧将会占领我们的内心世界,事情的结果必然不会理想。

凡是成功人士,都能自信地面对世界。他们对于自己的才能充满了信心,对于自己的事业以及追求充满了信心。在他们看来,失败仅仅只是成功路上的一块微不足道的小石子或者小水沟,自己肯定可以迈过去。正是由于他们的自信,他们才会无畏;正是由于他们无畏,他们最终才能获得成功。

与之相反,那些不自信的人每时每刻都怀疑自己的能力,而且总是对已经面对的以及前方还未知的困难感到相当恐惧。他们为自己树立了一个失败的形象，并且经常这样暗示自己："对于我所遇到的各种困难，我是不可能克服的；对于所要面对的各种挑战，我也不可能获胜，因为有许多条件制约着我。"这种类型的人通常具有两种特点：第一，对自己所要面临的困难与阻碍，绝对过分地高估；第二，对于自己的能力，绝对过分地贬低，过分放大了自身的缺点。于是，他们感觉到无限的恐惧、自卑，最后选择了退缩与逃避，变得十分消沉。他们逐渐地适应并满足于这种逃避的生活，从而让自己从主观上接受了失败的结果。

由此可见，对于女性们心灵发展的成熟以及事业发展的成功来说，自信是相当重要的。美国有名的心理学家——唐波尔·帕兰特曾经说过这样一句话："人对于成功的渴望就是去创造与拥有财富的源泉。如果一个人有了这样的欲望，并且可以不断对自己进行心理暗示，从而利用潜意识激发出一种自信的话，那么这种信心就能够转化成一种相当积极的动力。事实上，正是在这种动力的推动下，人们才释放出了无穷的智慧与能量，从而促使人们在各个方面获得成功。"

因此，每个渴望走向成熟，渴求拥抱成功的女人都必须谨记：自信地面对现实中的一切，将思考与自信结合起来，这样才能充分地发挥出自己的智慧，最终梦想成真。

微笑面对每一个人

不管什么时候,我们都应该用微笑面对每一个人,即便我们正在遭受难以言表的不幸。

美国作家奥格·曼狄诺曾经说过:"微笑可以带来黄金。"世界上最伟大的推销员乔·吉拉德曾经说过:"当你微笑时,整个世界都在笑。当你一脸苦相时,没有人愿意理睬你。"

其实,不管你身在何处,从事何种行业,有何种遭遇,你都应该微笑面对每个人。因为微笑确实具有无穷的美丽,它不仅感染别人,令对方在不知不觉中放下戒备,心甘情愿地与你进行心灵的交流,而且还能够调节气氛,化解各种怨恨等不良的情绪,有利于你的工作。

有一次,戴尔·卡耐基在飞机上遇到了一件事情,从此他便更加坚信微笑的力量是无穷的。

在飞机还未起飞以前,戴尔·卡耐基身边的一位乘客将空

第五章 永葆魅力，给自己披上优雅的外衣

姐叫了过来，说道："请给我倒一杯水，我需要服药。"每一个空姐都是经过严格训练过的，所以，这位空姐非常礼貌地回答："先生，真对不起，为了安全起见，我一定要等到飞机飞行平稳之后，才能帮您倒水，请您稍微等一下。"

飞机非常准时地起飞了，但是，那位空姐却将倒水的事情忘到了脑后。当急促的铃声响起，空姐赶过来的时候，那位需要喝水的乘客已经相当愤怒了。

"你到底是怎么回事啊？难道你们就是如此对待乘客的吗？"那位乘客非常生气地怒斥道，"我真不明白你们公司怎么会让你这样的人做空姐。"

空姐知道这是自己的过错，连忙面带微笑地说道："先生，实在对不起，这都是由于我的疏忽造成的，我对此感到非常抱歉。"

"抱歉？难道你认为说句'抱歉'就没事了吗？"很显然，乘客并不愿意轻易地原谅空姐，继续说道，"你所犯下的错误并不是一句抱歉就可以弥补的。我不愿意与你进行争吵，但是，我必须要投诉你。"

虽然空姐一而再再而三地用微笑面对乘客，并且表示自己愿意给这位乘客提供任何形式的帮助，可是那名乘客就是不肯罢休。当飞机即将达到目的地时，那位乘客非常冷漠地对空姐说道："小姐，请你将你们的留言簿拿过来给我，我有些话想要让你以及你的上司知道。"

空姐的心中感觉非常委屈，因为她已经连续很多次为自己的疏忽而道歉了。不过，她最终还是微笑着对那位乘客说道："先生，我再一次非常真诚地向您道歉。您要对我进行投诉，我愿意接受,因为这件事情本身就是我的错误。"乘客看了看空姐,并没有说什么,然后,开始十分认真地在那本留言簿上写了起来。当飞机在目的地的机场降落之后,那名乘客立即从自己的座位上离开了。

戴尔·卡耐基觉得非常奇怪,为什么这个人不接受空姐多次真诚的道歉呢?于是,戴尔·卡耐基找到了那名空姐,并且希望她可以将那位乘客的留言给自己看看。空姐答应了戴尔·卡耐基的请求,然后,非常紧张地将留言簿打开。但是,令戴尔·卡耐基与空姐都感到惊奇的是,那位乘客在留言簿上留下的并不是一封投诉信,而是一封表扬信。其中,有这样一句话:"很抱歉发生了这样令人不高兴的事情,但是在整个过程中,你始终都能够保持甜美的微笑。当我看见你的第八次微笑时,我就已经决定将投诉信改成表扬信了。"

毫无疑问,空姐的微笑给那名乘客留下了非常美好的印象,促使乘客不再对她所犯下的错误进行计较。其实,并非只有做服务行业的女人需要面带微笑地对待别人。实际上,所有的女人都需要微笑面对每一个人,因为唯有如此才能够让别人感觉你拥有无穷的魅力。

请你们一定要谨记,不管是什么样的花言巧语都没有甜美的微笑具有说服力。作为一个女人,无论你是否拥有迷人的外表,只要你能够向别人展示自己的微笑,那么你就相当于告诉别人:"你知道吗?我相当喜欢你,是你带给我快乐,能够看到你,我十分高兴。"

一个大公司的总经理曾经说过这样一句话:"我宁愿住进那些尽管有些破旧,但却能够随时看到微笑的乡村旅店,也绝对不愿意走进一家虽有一流的设备,但却不能看到一丝微笑的高级宾馆。"美国一家有名的百货公司的人事部主任也曾经说过:"我看重的从来都不是文凭,因为我宁可去雇用一个面带笑容但却小学没毕业的乡下姑娘,也不愿意去雇用一个面无表情、冷若冰霜的经济学博士。"

是的,不管是什么人,都抗拒不了微笑的力量,因为每个人都希望自己能够得到他人的喜欢。心理学家通过大量的研究表明,一个人的微笑与其形象有着十分奇妙的关系。尽管微笑仅仅只是一种面部表情,但它却能将人的内在精神状态反映出来。

倘若你对此表示怀疑,那么不妨想一下为什么人们都非常喜欢狗这种动物?其实,原因十分简单,因为它们首先表现出了喜欢我们,自然而然地流露出一种兴奋的感情。人类被狗狗的这种喜欢所感染,很自然地就将它们视为最忠实的朋友了。所以,如果你们渴望别人喜欢你的话,那么请先要做到看见别人时表现出很高兴的面部表情。

因此,在外出之前,请先对着镜子看一看自己是否愁容满面。然后,抬起头来,挺起胸膛,深深地吸一口气,让你的胸膛充满清新的空气。在路上,无论遇到什么人,只要是你认识的,你都要面带微笑地对待他们。倘若需要与对方握手的话,你还一定要注意集中精神。

没有什么值得担心与忧虑的,什么误会、怨愤以及仇恨等都不值得一提。当你走在路上遇到了昔日那些所谓的敌人时,你不妨将自己的帽子整一整,将自己的裙子动一动,然后面带微笑地走向他,无比真诚地说一句:"你好!"

所以,请务必记住:不管在什么地方,也不管遇到什么事情,请放松你们的脸庞,抬起你们的头颅,微笑着面对每一个人,那么,你将会变成明天最具有魅力的天使!

多读点书，总不是坏事

女人们，只要我们拥有一颗正直的心，多读有益的书籍，多做有益的事情，我们的心境就会变得平静，我们就会永葆魅力。

世界固然美丽，但若没有女人，将会失去七分光彩；女人非常漂亮，但是若缺乏知识，将会失去七分内涵。而作为知识载体的书籍，则是对女人的灵魂进行滋润的精神食粮，是女人永葆魅力的秘诀。

女人的智慧可以表现在生活、工作、爱情、婚姻等诸多方面，这都源于一个女人所拥有的学识与阅历。但是，智慧的另外一个相当重要的来源是书。书引领着人类从洪荒走到了启蒙。改变一个人最为有效的途径就是读书。一个女人的智慧也好，气质也罢，抑或是修养都与读书有着极其密切的联系。

喜欢阅读的女人都是美丽的。毫无疑问，一位身材苗条的美女怀中抱着一本书缓缓走过来的样子，肯定会令人赞叹不已、迷恋不已。

倘若一个女人有着如花的外貌，我们就称赞她十分漂亮。但是，这漂亮的躯壳终会老去，所以，"外在的美仅仅只能取悦于一时，而内在美才能够经久不衰。"而女人的气质和才华并不依附于外貌而存在，它不畏惧时间的流逝。与之相反，随着岁月的推移，才华出众的女人会变得更加美丽。

美国前任总统罗斯福的夫人曾经与别人探讨过关于女人读书的问题。当时，她是这样说的："我们一定要让我们的年轻人爱上读书，并且养成阅读的好习惯。因为这种习惯是一种非常贵重的宝物，这种宝物值得我们用自己的双手去捧着它，全神贯注地去看着它，千万不能将它弄丢了。"

不过，她也知道，在这个异常喧哗而浮躁的时代，在各种高科技产品的冲击下，那些家务活缠身的女人们，要想心平气和地去读书，是一件相当不容易的事情，因此，让她们养成读书的好习惯就更加困难。

因此，罗斯福夫人建议女人们，每天抽出15分钟的时间进行阅读。这代表着我们在一个星期之内大约会阅读半本书，一个月之内大约能阅读两本书，一年之内大约会阅读20本书，这样下去，我们在一生中阅读的书籍数量就相当惊人了。

读书最重要的问题就是应当选择哪一类书籍进行阅读。你阅读的第一本书籍应当是自己感兴趣的，因为没有兴趣的书，很少有人能够将其读完。但是问题就在于有的书倘若你没有尝试着去阅读，那么你也不知道自己是不是会感兴趣，这可能会让你与很多好书擦肩而过。当然了，在对所阅读的书籍进行选择时，你还要注意自己的身份、地位以及年龄等。

倘若你是一个钟情于文字，喜欢文学的女人，想要提升自己的素养，让自己变得更加充实，那么，你可以选择《红楼梦》《源氏物语》《围城》《简·爱》《飘》《傲慢与偏见》等书籍。这些书都是世界名著，经历了岁月的磨砺，属于书籍中的精品。阅读此类书籍，你应该像品茶一样，反复进行阅读，这样才能更好地帮助你提升自身的气韵。

倘若你是一个喜欢浪漫的女人，想要陶冶一下自己的情操，感受不一样的美感，那么，你不妨选择《世界美术名作二十讲》《李清照诗词评注》《随想录》《守望的距离》《草叶集》等书籍。这些书籍可以让你在阅读的过程中忽然产生一种不食人间烟火的美丽错觉，在这种纯粹的美中，你的心灵也会迅速得到升华……

倘若你是一个怀抱梦想，拥有明确目标，并且愿意为之奋斗，以便创建一份属于自己的事业的女人，那么，你应当去读《居里夫人》《不规则女人》《女人自信12课》《女人的资本》《写给女人》《假如给我三天光明》等书籍。这些书籍将会帮助你插上梦想的翅膀，在给予你足够的信心与勇气的同时，还会帮助你正确地认识自己，给自己进行定位，然后寻找适合你的事业。

倘若你是一个喜爱哲理，注重思想的女人，那么，你不妨选择《存在与虚无》《苏菲的世界》《中国女性的感情与性》《林徽因文集》《理想国》《浮士德》等书籍。这些书籍具有非常强的哲理性，不愿意看的人可能会感觉十分枯燥，可是对于喜爱看这一类书籍的人来说就不同了。或许这类书籍会给你一些启示，让你深刻地感受到不一样的闪光思想……

倘若你是一个在生活中受到了某种伤害，想要寻找心灵慰藉的女人，那么你可以选择《时间草原》《爱过不必伤了心》《一个女人的成熟》《绿野仙踪》《比如女人》等书籍。这些书籍就好像是非常神奇的药丸一样，能慢慢地将你心灵的伤痕治愈。

倘若你是一个不爱幻想，注重日常生活的女人，那么，你可以选择《女性个人色彩诊断》《卡尔·威特的教育》《亲密育儿百科》《女人个人款式风格诊断》《好妈妈慢慢来》等书籍。这些书籍将会像良师一样教会你一些非常实用的生活知识，帮助你更加游刃有余地处理生活中的各类事物。

总而言之，倘若你想要提升自身的修养，让自己永葆魅力，那么，你不妨抽出一些时间，多读点有意义的书籍。

另外，女人还要注意：一定要看纸质的"真"书，相较于手机或者电脑中的电子书，真书给你更多的益处，让你更好地享受阅读的快乐。

拒绝诱惑，心贵如常

大量的事实已然证明，不管是一个国家的衰败，还是一个女人的不幸，往往起源于个人的贪欲。贪欲冲昏了人的头脑，没能让人守住心灵的那片宁静。

佛曰："色不异空，空不异色；色即是空，空即是色。"也就是说，世间一切能见到或不能见到的事物与现象只不过是人们虚妄产生的幻觉。

大千世界，芸芸众生，到处都充满着形形色色的诱惑。假如我们能像德行高深的修行者那样以"眼中有色，心中无色"的心境去面对周围的一切，我们的内心则是坦然的。人们常说的"逢人不做亏心事，半夜不怕鬼敲门"讲的就是一种内心的淡定。

一天，大智禅师和若愚禅师相聚在一块闲聊，大智禅师向若愚禅师从容地发问："你是否爱色？"

当时，若愚禅师正在用竹筐筛豆子。闻听此言，他大吃一惊，竟然吓得把豆子都从筐里撒了出去，滚落到大智禅师的脚下。大智禅师见状，不慌不忙地笑着弯下了腰，把撒落一地的豆子一粒粒地捡起来放进了筐中。

此时，若愚禅师耳边还在回响着方才大智禅师的问话，他不知该如何回答是好？因为对于修行者而言，这是个棘手的问题，也确实不好回答。而"色"，涵盖的范围太大了：女色、脸色、颜色、服色、菜色、酒色、财色……

沉思了半晌，若愚禅师才将竹筐放下，但心中还在思绪万千，不知所云。良久，他费了很大劲才从嘴中挤出了两个字："不爱！"

大智禅师一直观察若愚禅师，看到了他受惊、闪躲、逃避和忐忑不安的神情。他对若愚禅师说："在回答这个问题前，你真的想好了吗？倘若要你真正面对考验时，是否能做到从容不迫？"

若愚禅师立即高声答道："当然能！"随即，他向大智禅师脸上看去，想要得到他的回答。然而，大智禅师只是苦苦一笑，却迟迟未做任何回答。

若愚禅师觉得很奇怪，并不解地反问大智禅师："那我可以问你一个问题吗？"

大智禅师依然面带笑容，说："来而不往非礼也，当然可以。"

"你是否爱女色？"若愚禅师如是发问。唯一不同的是，他的问题比大智禅师的问题多了一个"女"字。他接着又问："当你身临诱惑时，你能否做到从容应对？"

大智禅师放声大笑，娓娓答道："我就知道你会如此发问。在我的眼中，女色只不过是美丽外表掩饰下的臭皮囊罢了。其实，这跟爱有什么关系呢？只要你心存善念，坚定内心就可以了。难道这还需看别人的脸色行事吗？更别在乎别人是怎么想的了？身是菩提，心如明镜，仅此而已。哈哈……"

若愚禅师苦思了很久，感想颇多。尽管他口是心非地嘴上说能够面对真实的考验，然而他却在内心的狂乱中不知不觉地看了大智禅师的脸色行事，所以若愚禅师才无法回答这个问题。

有道是：心中有色，心猿意马；心中无色，万物皆生。"诱惑"就是"魔鬼"。在现实中，这样的悲剧有很多，不知毁灭了多少人的希望和梦想。那么，你们知道究竟是什么诱惑了我们吗？答案是金钱、美色，还是利益、权势？这些散发着诱人香味的东西令人心驰神往，可这些诱惑却是地球上最大的无底黑洞，有多少人为了它们而身陷囹圄，家破人亡！

所以，志存高远，心贵平常。在如今这样一个充满诱惑的时代里，我们要坚持一份内心的洁净，对世事的清醒实属难能可贵。我们要始终保持一份祥和宁静，切勿被诱惑迷失了自己的心智。

人生要坚守淡定，要耐得住寂寞，经得起诱惑。淡定与从容即为大智慧。当我们遭遇四面楚歌时，最紧要的是要将欲望"降伏其心"，使心灵不为贪欲所袭扰、所摇动、所蛊惑！

第五章 永葆魅力，给自己披上优雅的外衣

低调是优雅的必要条件

俗话说："树大招风"，一个人不论在社会上取得了多大的成就，都应该保持低调的作风。只有这样才能更显其优雅的风范，为自己的魅力增添砝码。

纵观现代社会上那些拥有较大成就的人，尤其是女性成功者，大多都比较低调，很少出现在公众视野中。正如著名作家亦舒所说："真正有气质的淑女，从不炫耀她所拥有的一切，她不告诉人她读过什么书，去过什么地方，有多少件衣服，买过什么珠宝，因为她没有自卑感。因此低调不仅是一种境界、一种风范，更是一种思想、一种哲学。"

相信你们很多人都看过《甄嬛传》这部电视剧。虽然它只是一部电视剧，但是我们能够从中学习到很多东西。

我们先从甄嬛刚入宫选秀女的时候说起。在宫女选秀的过程中，很多宫女的行为都比较高调，仗着自己的父亲在宫里有一点地位，就处处打压别人。像剧中的夏冬春就是一个例子,而正是因为夏冬春这么骄傲,所以在还没正式上位前就被宫里的老前辈华妃娘娘赏赐了"一丈红"。而纵观整个过程,我们可以发现甄嬛虽然很有才气,容貌也很出众,但是为人很低调。

在之后进宫时,她更是这样。她知道后宫并不是家里,不能随便撒娇发脾气。刚进后宫的时候,她对后宫并不熟悉,为了了解后宫的一些情况,她选择了待在宫殿里。但是,一般新来的妃子都是要面见圣上的,所以,甄嬛就以"身体不适"为由聪明地逃过了这一关。在后宫修身养性的那段日子里,她补充了很多知识,储备了很多能量,并摸清了后宫复杂的人际关系链。

之后,因为一个偶然的机会与皇帝相识,成为宫里的宠妃,她也没有像华妃那样到处宣扬,而是低调的行事,这就充分地显示出她从容大度的心态,优雅的处事风范。如果不是她一直以来都这么低调,她也不会坐上后来的高位。

作为中国首富的李嘉诚,在接受记者采访时,有一位记者问他,"怎样才能像您一样把生意做得这么红火?"大家原本以为李嘉诚会说很多大道理,但是李嘉诚只是说了四个字:行为低调。

李嘉诚不仅自己为人比较低调,而且还教育自己的孩子要低调。在他的儿子李泽楷独立门户创办盈科时,李嘉诚送给他儿子的一句箴言:"树大招风,保持低调"。而后来李泽楷能够取得事业上的成功与父亲的教导是有关系的。

第五章 永葆魅力，给自己披上优雅的外衣

从这些案例中，我们可以看到低调做人有很多好处。一个低调的人更容易融入群体，能让别人觉得更亲切。只有低调，才不至于让别人怀疑你，这样你就有更多的时间来学习。成功的路程并不是那么容易走的，但是只要你能在这个过程中耐得住寂寞，受得了诱惑，那么就没有什么能阻挡你的追求了。

本杰明·富兰克林曾在他的自传中说过这样的话："我为人处事有这样一个原则，如果我不同意别人的意见，我也不会正面反对。同时，我也不会让自己很武断，在文字的使用上，我绝不用'当然''无疑'这类词，而是用'我想''我假设'或'我想象'。当有人向我陈述一件我所不以为然的事情时，我绝不立刻驳斥他，或立即指出他的错误，我会在回答的时候表示他的意见的相对合理性，但是在目前的现实情况下可行性不大。我很快就看见了收获。人们与我交流时，气氛很和谐。我以谦虚的态度表达自己的意见，不但容易被人接受，冲突也减少了。一开始做这些的时候确实觉得很难，但是后来觉得没什么了，很多事情习惯了就好了。也许，50年来，没有人再听到我讲过太武断的话。这种习惯使我提交的新法案能够得到同胞的重视。尽管我不怎么会说话，更谈不上雄辩，脑子反应也比较慢，甚至有时会把话说错，但一般来说，我的意见还是得到了广泛的支持。"

富兰克林并没有像大多数成功的领导那样提醒大家保持自己的威严，而是告诉大家要宽容和低调。

领导在高位之上，如果以谦虚对待人，礼貌地尊敬人，就会有人礼貌地尊敬你，就能找到人才。占据领导的位置，而不能以谦虚尊人，以谦恭敬人，还要笼络别人为我所用，怎么办得到呢。

巴甫洛夫告诉领导们："一定不要骄傲。一旦你变得骄傲，你们就会变得很固执，甚至会固执地拒绝别人的忠告和友谊的帮助。因为一骄傲，你们就会丧失客观方面的准绳。"人最大的美德就是谦虚，这也是很多领导能让下属心服口服的道理。

《易经·谦卦》中说："谦，亨，君子有终。"意思是说，谦虚可以亨通，开始或许不顺利，但由于谦逊，必然得到支持，最后能够成功。谦虚是天地的道理，领导为人谦虚，众人就会服从指挥。所以《尚书》中有"谦受益，满招损"的说法。

其实，世界上有很多聪明人，但是有智慧的人却并不多。聪明人与智者往往相差的并不远，但是两者之间一定有个差别，那就是聪明人经常锋芒毕露，而智者则能在合适的时候藏好自己的光芒，等时机成熟的时候再开始自己的计划。而历史也证明，一个谦虚低调的人即使不能成就一番特别大的事业，也是有修养、有魅力的。因此，一定记住：凡事保持低调，低调是保持优雅的必要条件。

第六章 有事业心,工作的女人最具知性美

什么样的女人最具知性美?正确答案是:工作的女人最具知性美。那么,如何成为一个有事业心、受人欢迎的女人呢?其实,你只需要明白以下几点即可:认真工作的女人最美丽、你工作不仅仅是为了薪水、敢于尝试、不把工作当苦役及绝不从男人的口袋拿钱。

认真工作的女人最美丽

女人,因为自由而活得开心,因为工作而变得美丽。这样的感觉,即便拥有多少金钱,都是没有办法替代的。即便为了自己的面子,女人们也要认真工作!

在现代社会中,流传着这样一句话:"工作可能比不上爱情来的让你心跳,但至少可以确保你有房子住,有饭吃,而爱情却不能给你这些……"事实的确是这样的,特别是现代女性,心甘情愿做全职太太的人已经很少了。不过,不少身在职场的女人在对待工作时,却不能采用正确的态度。这是怎么回事呢?原来,她们并没有将全部的心思放在自己的工作上,在上班期间,可能总是想着晚上吃什么饭或者男朋友何时来接自己下班等。如此一来,她们在工作的过程中,自然就会觉得十分无趣,也就不可能在事业上做出突出的成绩了,而工作似乎也变成了她们打发无聊时间的摆设罢了。

你可能拥有优越的家庭条件,可能觉得自己不工作会过得更开心,因为你的老公有能力支付你所有的花销,那么你就大错特错了。对于你的依赖,男人们只会在一时感到怜惜,但长此以往男人们就会感到很大的压力,而且你的父母也会由于你没有经济来源,必须依靠老公而担心你的老公不尊重你或者待你不好。

在现代社会,女人是弱势群体。相较于全职太太,拥有较强事业心的女人更容易得到男人的尊重与敬佩,而且还能够让自己不过分地依赖别人,增强自身的独立性,拥有一片属于自己的天空。而对于那些单身的女人们还有可能在工作期间与自己的白马王子相遇呢!

云朵刚刚大学毕业,就到了一家软件公司工作。她每天的工作都十分轻松,而且薪水也不错。但是她没有像其他的女孩儿那样整天购物或者泡吧,而是一有空暇时间就努力地为自己进行充电,并且她每天还坚持写日记。

公司的男主管是一个工作能力强、长相十分帅气的单身男子,大家经常在私下里议论他。有一次,他用的电脑出现了程序方面的问题,没有人知道怎么弄,因为这不是他们专业内的问题。云朵得知此事后,表示自己可以帮忙。只见她轻轻地点了几个键,然后电脑就恢复正常了。

从此之后,这位帅气的主管开始关注云朵,并且发现云朵对待工作相当认真,经常在完成自己的工作后,一个人研究一些工作外的东西,不禁觉得她非常可爱。时间长了,这位帅主管对云朵的感情从钦佩慢慢地变成了喜欢。最后,云朵不但在事业上进步很快,而且也收获了令人羡慕的爱情。

理性的工作还能帮助你灵活思维，拓展交际圈，让你的生活变得丰富多彩起来，不再像以前那样只是整天围绕着自己的老公与孩子转了。不过，这并不意味着你就要完全不顾自己的小家，没日没夜地进行加班，要真是那样的话，老公可是不会同意的。所以，对于女人来说，将家庭与工作之间的关系平衡好是极其重要的。

　　现代社会并非只是男人的天下，实际上女人的心思天生就比较细腻，相较于男人，有些工作交给女人会更合适。在上班的时候，女人只需要集中精力认真工作，尽可能地做好自己的本职工作就行了。认真工作的女人最美丽！

　　因此，女人们，万万不可由于你年轻，你长得很漂亮，就将工作本身忽视了，空有美貌而缺乏业绩的"花瓶"员工，即使最宽容的男老板也不会愿意留下你的。当然了，除非这位男老板对你有其他想法。因此，女人们必须要自重，对待工作要认真，做出一定的业绩和成绩，这样才能令他人刮目相看。

你工作，不仅仅是为了薪水

马斯洛理论表明：工作并不仅仅是为了薪水，那只是人们最为低层次的需求；每个人都具有渴望展现自己价值的需求。对于职场中的人而言，工作是展现自我价值的最佳途径。因此，在你刚刚踏入职场的时候，就应当明白你不仅仅是在为薪水工作！

有一位名人曾经说过："追求热爱的事业，而非一份可以挣钱的工作。"这句看似十分简单的名言，却让很多人明白了"工作并不仅仅是为了薪水"的道理。在职场中，我们在工作中付出劳动，然后得到相应的薪水，这是十分正常的。可是，倘若你仅仅将自己工作的目的限定在每个月的薪水上，那么你将很难得到领导的认可与赏识，你也就不会有什么大的发展与成就了。

在现实生活中，我们常常看到一些人只是为薪水而工作，"给我多少薪水，我就干多少活""我只干自己分内的工作""公司的事情能推就尽量推,做得越多就越容易出错"……

  这些人的做法从表面上看是非常"精明"的,可实际上却是极其愚笨的。他们每天忙着推卸责任,逃避工作,为眼前的工资而费尽心思,却忘了认真工作不仅可以得到工资报酬,而且还能够收获比金钱价值更高的无形财富。

  倘若你的双眼只是紧紧盯着每个月所能领到的薪水,只是为了那份工资去工作,那么你就不会看到工作为你提供的锻炼机会。其实,工作可以让你的能力得以提升,可以让你的经验得以丰富,可以让你的职业道德得以完善等;与现有的薪水相比,这一切的价值可是高很多的,因为这是一种个人能力与职业素养在不知不觉中迅速增长的价值。

  韦斯卡亚公司是20世纪80年代末美国名气最大的机械制造公司,所以,韦斯卡亚公司在人才招聘方面要求得相当严格。与不少面试者一样,艾伦在参加该公司的招聘会上落选了。可是,艾伦并没有因此而灰心丧气,他暗暗发誓,一定要加入韦斯卡亚公司。

  经过反复思考,他决定假装自己没有任何特长,然后找到该公司的人事部,说自己愿意无偿为韦斯卡亚公司工作,并且请求公司为他指派工作,不管什么工作都可以。公司人事部刚开始觉得这太不可思议了,但是因为不需要支付任何的费用,而且也不需要操心,于是,就派他负责对车间的废铁屑进行打扫的工作。

  很快,一年过去了。艾伦每天都很勤快地重复着这种单调而且劳累的工作。为了生存下去，他在下班后不得不到酒吧去打工。虽然领导与工人们都对他很有好感，但是依旧没有人提出要正式录用。

1990年初，公司有不少订单因为产品的质量问题而相继被退了回来，这为公司带来了巨大的损失。公司的董事会为了将这种颓势挽救回来，召开了紧急会议，商讨解决这个问题的方案。可是，眼看会议就要结束了，但解决方法却一点儿眉目也没有。这个时候，艾伦闯进了会议室，提出要见总经理的要求。在会议上，艾伦非常详细地说明了这个问题出现的原因，并且提出了自己对工程技术的看法，随后，他又将自己的产品改造设计图拿了出来。

艾伦的这个技术相当先进，不仅恰到好处地将原来的优点保留了下来，而且还将已经出现的弊病全都克服了。

总经理与董事会都感觉，艾伦这个编外清洁工非常聪明在行，就对他的背景与现状进行询问。于是，艾伦在那些高层决策者面前，和盘托出了自己的意图。随后，董事会经过举手进行表决，最终决定聘请艾伦为韦斯卡亚公司的副总经理，负责生产技术方面的问题。

原来，艾伦充分利用清扫工可以到处进行走动的工作特点，细心地对公司每个部门的生产情况进行了查看，并且十分详细地记录了下来。他在发现公司生产上存在的技术问题后，就开始积极地寻找解决的方法。他花了一年的时间对产品重新进行了设计，进行了大量的数据统计，为最后的精彩出场奠定了坚实的基础。

艾伦没有紧盯着薪水而工作，结果为自己的未来创造了一个成功的机会。如果你只是为了自己的薪水工作,将工作看作是为了解决生存问题的手段,缺乏长远的眼光,那么最终吃亏的可能就是你本人。因为在你为薪水而斤斤计较的时候,你已经与宝贵的经验、难得的训练以及提升能力的机会擦肩而过了,而这所有的一切要比金钱更具有价值。

相信大家都明白,在一个公司对员工进行提拔的标准当中,员工的能力与他做出的努力所占的比例是非常大的。每一个领导都愿意得到一个能力出众的员工。只要你以努力、尽职的态度对待工作,那么总有一天你会得到领导的赏识,被领导重用与提拔。

所以,你不要再对某个原本薪水十分微薄的同事,突然被提拔到一个很重要的职位而感到惊诧了。究其根本原因就在于,他们在工作初期——收获的薪水与你一样,甚至还不如你的时候,他们所付出的努力要比你多一倍,甚至好几倍,正所谓"不计报酬,收获更多"。

拥有"钢铁大王"之称的查尔斯·施瓦布对此阐述过这样一个观点:"倘若你对工作缺乏热情,仅仅只是为了薪水去工作,那么你极有可能不仅赚不到钱,而且也找不到人生的乐趣。"

倘若你想要拥抱成功的女神,那么在对待自己的工作时,你最起码应当如此想:投身职场,我是为了生活,更是为了未来而工作。薪水的问题绝对不会是我进行工作的终极目标,在我看来,那只不过是一个十分微小的问题。我所重视的是,我能够通过工作收获很多知识与经验,获得各种摘取成功桂冠的机会，这才是最有价值的酬劳。

　　无数事实已经证明，倘若你不在报酬上斤斤计较，任劳任怨地进行工作，付出比你得到的报酬更多、更好，那么，你不但养成了踏实肯干的美德，而且还因此收获了一种与众不同的技巧与能力。这将会让你顺利地从任何不利的环境中摆脱出来，无往不胜地向前冲！

敢于尝试，上进心是生命的动力

"路漫漫其修远兮，吾将上下而求索。"只要你敢于尝试，那么就意味着你已经成功了一半，不敢尝试的人永远不可能做出一番宏伟大业。

从古今中外成功人士的人生轨迹来看，他们都是敢于尝试，敢于挑战生命，有上进心的勇士。他们的人生非常坎坷，他们经历了无数的大风大浪，但是每次风浪的到来，都携带着机遇。他们将许多困难重重的机遇转变成了现实生产力，别人不敢想、不敢做的，他们敢于去想、去做，正是因为他们有这样的勇气，他们才成功了。

卡耐基这位成功的创业者，凭借自己聪明的才能和善于抓住机遇的能力，让自己逐渐地变强变大，成为天下有名的大富翁。

1860年前后，卡耐基还在宾夕法尼亚铁路公司西段担任秘书之职。一天,宾夕法尼亚铁路西部管理局局长斯考特先生突然问卡耐基:"你能筹到500美元钱吗?"当时卡耐基的父亲刚刚去世,在支付了医疗费和丧葬费后,他只剩50美元了。斯考特看到他困窘的样子,便说:"我有一位朋友过世后,他太太把遗产的股份卖给了一个关系很好的朋友的女儿。现在这个女子急需钱,想转让股份,是亚当斯快运公司的10股股票,需要500美元。红利是一股1美元……"

"这么多钱我实在是筹不到。"卡耐基非常地无奈。

"那好,我先为你出这笔钱,你一定要买下这些股票。"斯考特先生坚持让卡耐基做这笔生意。

第二天,斯考特先生有些犹豫了,他问卡耐基:"不好意思,人家现在要卖600美元,你还要吗?"

卡耐基这次变得很坚定了,说:"要,我肯定要。麻烦你先帮我付600美元。"由于斯考特先生昨天那么坚决地支持,让他坚定了信心,决定去拼一次。

1856年5月,卡耐基用股票做担保写了一张600美元的借据,半年的利息为10美元,并将借据交给了斯考特先生。

半年后,卡耐基母子勤俭节约,到处筹借,通过各种方法总算还清了借款。过了一段时间,卡耐基收到了一份装着10美元红利的支票,他把这笔钱交给了斯考特先生,将其作为了利息。卡耐基感觉自己完成了一件无比伟大的事业,他很有成就感。

一个偶然的机会,一位叫作伍德拉夫的设计师来找卡耐基,他设计出一种卧铺车,适合旅客夜间旅行,在当时这种车是比较先进的。卡耐基把他带到了斯考特的办公室,斯考特看了这个设计后,很有兴趣,于是与伍德拉夫达成了协议。

伍德拉夫说:"你们要是想制造,就付给我设计费和专利使用费。"斯考特答应了,同时还提出要求:"请伍德拉夫快点制造出两节车厢来。"

从斯考特办公室走出来后,伍德拉夫对卡耐基说:"卡耐基先生,你想不想与我合作这笔生意呢?我计划开一个卧铺车车厢制造公司,你只需出1/8的资金……也许这对您来说有些困难,你第一次只要付217美元5角,第二年按照同额的比例付款就可以。也就是说,随着订货的增多,再增加投资的金额……"

卡耐基很想与他合作,于是走访了匹兹堡的银行,申请贷款。银行对他的这个方案也很感兴趣,说愿意借钱给他,但是将来他如果赚了大钱,一定要存入匹兹堡银行。

试投产后,卧铺车厢的订单很多,很多铁路公司都很看好这种新车型。卡耐基投入200余美元,一年内就获得了5000美元的红利。

卡耐基当初花600美元买的股票,三年后,就变成了500万美元,他由3年前的一个穷小子变成了富翁。他卓越的才能使他的事业一步步走向了辉煌。

很多机会都有很大的挑战性,机遇到来的时候,也带着一定的风险。要想把机遇变成利益,并不是一件容易的事情。这样的机遇可能很多人都遇上了,但是他们也看到了巨大的困难和风险,能勇敢面对困难和风险,敢于尝试的人却很少。

敢想、敢闯、敢尝试的勇者才会拥有机遇。

很多人习惯拾起大路边的机会，因为大路边的机会风险相对较低。通常很少有人愿意啃"难题"，但是难题中孕育的却是大机遇，一些人是因为害怕难题而不插手，还有些人是没有发现难题中的大机遇。其实，抓住一个"难题"要比你解决若干个简单的问题更有利。

胆子小的人总是前怕狼、后怕虎，遇上事情时总是向后退。看上去似乎是明哲保身了，但机遇也与你擦肩而过了，你只能独自暗暗叹息。勇敢的人拥有上进心，敢于去尝试，能勇敢地面对一切困难，不怕任何艰苦，于是他们抓住了机遇，成了命运的主人，造就了一番成就。

不要把工作当成苦役

对工作感兴趣,将工作视为一种乐趣,是人生最大的生活价值。因为当你对工作产生兴趣时,就能够将你无限的潜力激发出来,从而创造出奇迹。

对于成功人士来说,工作就是一种乐趣。

法国有一位很有名的作家大仲马,其写作速度相当快。据他所说,他一生著书共计1200部。白天,他非常勤奋地进行写作,与书里面的主人公进行对话,晚上则与自己的朋友们进行聊天、交往。

有人曾经问他:"你都苦写了一整天了,为什么第二天还那么精神呢?"

他给出的回答是:"我从来就没有苦写过啊。"

"为什么?"

"我不清楚,你不如去问问梅树是如何生产梅子的吧!"

由此可见，大仲马将写作视为了一种乐趣，视为了他生活的全部。戴尔·卡耐基曾经说过："对工作感兴趣，是人生的最大生活价值。"做同样的事情，有人感觉它很有意义，而有人却感觉它没有丝毫的意义，这其中可以说是有着天壤之别。当你对正在做的事情不感兴趣时，你就会觉得十分痛苦，好像坠入了无边的地狱似的。爱迪生曾经这样说："在我的一生中，从来没有觉得在工作，所有的均是对我的安慰……"

大量的研究已经表明，当你对自己的工作不再感兴趣的时候，就会产生职业倦怠。因为日常工作中的困难、沮丧、焦虑日积月累就形成了职业倦怠。与困难、沮丧、焦虑不同的是，职业倦怠的发生频率十分高，而且持续时间也比较长。处于这种情况下的你对于各类疾病的抵抗力会有所下降，睡眠时间与以前相同但却会觉得睡不醒，注意力也会随之变得越发不集中，到了最后直接放弃了，什么都无所谓了，工作变得没有一丝一毫的意义，甚至人生也失去了任何的价值。

想要将职业倦怠赶走，并非一件容易的事情。究其原因，大部分人认为为了提高工作效率，他们必须具有一定的激励，但是很少有人认识到激励和工作表现之间实际上是互为因果的关系。倘若你能够强行令自己努力地进行工作，在取得一定的成绩之后，就会发现你对自己的工作越来越感兴趣。

请暂时将那些不愉快的事情，比如十分挑剔的上司、难以伺候的顾客、没完没了的公事、低微的薪资等丢到一旁。等到你想要工作，可以更好地接受挑战的时候，这些将你的自信心与自制力剥夺的外力，仍然会如往昔一样屹立不倒，等待着你的挑战。

为了不将工作当成苦役，而将工作视为一种乐趣，你不妨试试以下几个方法。

1. 先选择一个比较小的目标

你可以先选择一个比较小的目标，这样一来，你获得成功的概率就会很高。需要注意的是，你所选择的小目标应当是明确的，可量化的，并且可以在一定时间内完成。目标的实现能让你重新找回信心，然后再朝另外一个比较容易实现的小目标前进。

另外，当你在完成小目标的时候，记得要给自己一定的奖励，比如听自己喜欢的音乐或者到一家餐厅吃饭等。

2. 对压力因素进行控制

如果你是一个职业倦怠的受害者，那么你已然丧失了反击或者将工作辞掉的动机。一方面你会感到非常无聊，也非常沮丧，整个人看起来懒洋洋的；但是另一方面，你会觉得压力仍然在不停地增加。从表面上来看，你似乎已经对现状屈服，但实际上你身体中的压力却还在不断上升，令你感到异常疲惫。

在这种情况下，若想减轻压力，你首先要做的事情就是将焦虑来源找出来，然后采取必要的措施，以便重新将自己的人生掌握在自己的手中。

3. 将目标转移

你需要经常提醒自己，你并非被雇来对他人的行为进行复制的，而是来解决问题的。将问题找出来，看一看你是否有不一样的解决方案。这份工作的弹性可能要比你想象的高很多，你或许能够让工作变得更加适合自己。

4. 求助于自己的朋友

当你产生职业倦怠的时候，朋友经常能适时地给予你帮助。面对这种情况，你不要因为不好意思而拒绝。不妨找你最为信任的朋友，将自己的感受告诉对方。倘若她们是你的知心好友，就会对你有所提醒，让你多使用自己已经忘记的重要特质，从而促使你的自信得以增强。

她们可能也有过类似的经历，可以为你提供一些经验，以供参考。倘若她们没有为你提供什么有价值的建议，那么你也可以开口询问她们的意见。这样一来，她们就会感到自己很受重视，而你则会得到更多可以参考的意见。而且，你们之间的友谊也会因此变得更稳固了。

5. 主动承担新的责任

主动承担一些对你具有挑战性，并且你很感兴趣的责任。你必须赶紧行动，不要让其他人先你一步，而且你还要在适当的时间将绩效展示给相关主管看。

总而言之，你必须要端正心态，不要将工作当成苦役，而应将工作视为一种乐趣。如果你不幸地产生了职业倦怠，那么你必须积极主动地寻找合适的解决方案，从而慢慢地走出倦怠期，最终走向自己事业的巅峰。

优秀的女人决不会从男人的口袋里拿钱

有钱的男人,被称之为"大款",有钱的女人,被称之为"富婆"。对于女人而言,相较于"大款","富婆"更好做,更容易做。而且,最重要的是,优秀的女人决不会从男人的口袋拿钱。

有男人说:"这是一个充斥着野蛮女友的时代。"还有男人说:"现在简直是女人的天下,原来的半边天,现在要一手遮天了。"

他们也只是说说而已,丝毫不会为争取男权去较什么真,因为他们心里明白:这世界的主人还是他们。至于那为数不多的女权主义者,在他们眼里只不过是烈日下的一小片乌云而已,根本兴不起什么风浪,撼动不了男人的地位。

其实,女人心里也很清楚,在现在这个男权社会中,不管做怎样的努力,进行怎样的争取,即使取得了不小的成果,也仅仅是男人看面子做的小小让步罢了。在大部分情况下,女人还必须生活在男人的保护之下。

既然这样，女人就不得不为自己的安全做考虑，一旦男人张开了羽翼，或者羽翼之下多了个被保护者，再或者干脆换一个需要被呵护的人，你该怎么办？难道就心甘情愿地蹲在旁边，企盼着他能把多余的热量施舍到你身上一点？

别忘了，可怜的人永远不会得到别人真正的同情，唯有你自己站起来，才能获得别人的尊敬和帮助。而能支撑你在遭遇不幸后勇敢地站起来的，就只有金钱。也就是说，只有经济独立的女人才是最安全的，才能拥有人格上的独立。

有一位女士与丈夫离婚了。离婚之后的她过着十分艰难的生活，经常会由于交不起水电费而烦恼。原来，这位女士在20年的婚姻生活中根本没有属于自己的任何积蓄。还有一位朋友，父亲去世后，一家人的生活水平直线下降，还要还房屋贷款。为了维持生计，她已经退休的母亲只好重新走上工作岗位。

上述两位女性均是在一夜间失去了所有，最为可怕的是这样的尴尬居然发生在她们已经人过中年以后。由此可以看出，女性不从男人口袋拿钱，保持经济独立性是多么重要啊！对于女性来说，尽管经济上的独立与物质上的丰富并非她们生活的全部，但我们不得不承认它们是女性保护自己、获得安全感的一个重要前提。所以，优秀的女人决不会从男人的口袋拿钱，总是会保持自己经济的独立性。

然而，总有不少女人会将男人、婚姻视为自己以后的依靠,但是,无数的现实已经证明这很有可能是女人的黄粱美梦——并非所有女人的婚姻都是幸福的。婚姻中的变数太多了,这样或者那样的内乱和纷争,不免让女人感到心灰意冷。也就是说,对男人寄予越高的期望,最后就可能遭受越深的伤害——女人已经清醒地认识到,单纯地依靠男人来生活,已经不再安全了。

从社会大环境来讲,在两性关系中,女性绝对处于弱势的地位。有一个很有名的心理学家曾经说过这样的话:"在现代社会中,普遍存在着第三者插足的情况,特别是男性的外遇。在20～30年前,与做贼相比,在外面养情人更丢人,更令人唾弃。可是,如今因为社会价值观导向以及外来文化的影响,尤其是在一些经济比较发达的地方,很多男人都将养情人作为有本事的一种表现,他们不仅不以此为耻,反而以此为荣。在从众心理的影响下,更多的男人也加入到了养情人的行列。"社会对第三者宽容度的增加,使女性依靠男性的风险随之增大了。

其实,对于女人来说,风险不仅仅指不稳定的婚姻关系破裂后的生活问题,还有更严重的医疗、养老问题。试想,连生计都成问题,何谈其他问题?这里还没加上住房——女人的栖身之所。而这一切隐患唯有金钱可以解决。

叶女士和前夫离婚后曾谈过几次恋爱,但都没有修成正果。去年,她在一次宴会上认识了现在的男友,虽然男友对她很体贴,可他们在年龄上的差距太大,男友比她小6岁,这让叶女士没有安全感。

经历了一次婚姻的打击后，叶女士已经不再轻易相信爱情了。她说："别看现在和男友在一起感觉不错，可是谁也不知道今后会发生什么事情。其实，一切我都想得很清楚了，结局好与坏都无所谓，最起码我有自己的房子，有自己的工作，到什么时候我都可以过属于自己的生活。"

现代女性，尤其是独身女性，你不一定非要马上拥有一套属于自己的房子，但是一定要有独立意识，要有独立的工作。如果你还没结婚，最好不要在经济上依赖男友，这会让你在感情中失去应有的地位。如果你已经结婚，老公也很有钱，也不可以安心在家做什么全职太太，你应该时刻提醒自己要保持经济上的独立。

搜狐网曾做过这样一个调查：女人，你的安全感来自哪里？选项如下：

A. 我不需要

B. 存款

C. 伴侣

D. 工作

参加调查的有效选票为1070张，结果如下：

A. 我不需要（32人，占2.99%）

B. 存款（446，占41.6%）

C. 伴侣（332，占31%）

D. 工作（260，占24.41%）

通过以上数据可以看出，现代女性已变得理性起来，不再将自己的全部托付给男人，而是托付给更加实际的存款。这对社会和女性本身来说不能不说是个进步。更可喜的是,现代女性还有了生存智慧——在依靠男人的同时,保持经济上的独立。只有这样,女性才可以自由地承担风险,才能具备抗风险的能力。

第七章 世界如此复杂,不要被坏情绪绑架

在竞争异常激烈、快节奏运行的社会中,焦急、紧张、精神压力过大等不良情绪,时刻威胁着人们的身心健康。世界各国的医生都在不停地告诫人们:心理压力导致的各种身体疾病与心理疾病正在不断上升。所以,世界如此复杂,千万不要被坏情绪绑架。

过于情绪化,是不成熟的表现

纵观古今中外,但凡取得一定成就的成功者,多为"喜怒不形于色"之人。的确,控制好自己的情绪,是每个成功者的必修课,因为过于情绪化,是一种不成熟的表现。

一个正常的人都会表现出喜怒哀乐,人生在世,世事无常,每个人总会遇到一些开心的、悲伤的事情,也都会因为这些事情而引起情绪的变化。如果一个人高兴时不懂得笑,悲伤时不懂得哭,那么这个人一定是不正常的。

然而,我们也不能时刻把喜怒哀乐都表现在脸上,因为你不再是三四岁的小孩。如果你还像三四岁的孩子那样,无论什么场合,什么时间,只要觉得开心就哈哈大笑,只要有人惹你不高兴,就脸色难看,甚至像小孩一样哇哇大哭,那么你就会被认为是不成熟、不懂事。

也许你不能做到像出家人那样面无表情,也做不到像官场中的高手那样高深莫测,但是你应该做到不夸张地笑、不出奇地怒。这样做的主要原因有两个：第一，事是你自己的，让别人与你一起承受那是不公平的；第二，常常把喜怒表现在脸上，你的想法就被你的表情出卖了，这样就容易被别人控制。所以，你应该学着控制自己的情绪，同时还要学着隐藏自己的表情。

人处于优势时，是一件高兴的事情，值得高兴。再加上别人的奉承，便会陶醉其中，脸上也时刻显露着喜色，这样很容易招来他人的嫉妒。所以，当别人称赞、奉承时，一定要保持谦和有礼，不仅显示了自己的君子风范，削减了别人的嫉妒，而且能让人们对你更加的敬佩。

日本的一家大报刊，有一年新上任的总编辑在同行业并没有担任过什么重要的职务，也没有坐过"采访的大车"。原来，日本记者见习的时候，大多是坐报社大车集体出发，如果是老记者，就是自己开车。

新任总编刚上任，在给大家讲话时就笑着对他们说："我这次来报社担任资料员的资格都有限，更别说是总编辑了。因为关于资料的调查统计知识，我知道的很少。所以，我有一个愿望，就是能坐坐新闻记者的大车，同时也希望由于坐了大车能够得到各位外勤同事的体验，将来可以去某银行请求他们合作，替本报同事办一种接近市区的购房分期付款……"

他的话还没有讲完，大家掌声已经响起来了，他被大家拥护上任了。

假如这位新总编刚上任的时候，以权威压制下属，显示自己的成功，那么他就不会得到大家的认可，反而会让那些老员工讨厌他。如果一个人骄傲自大，那么就会显得见识浅陋，也说明他这个人不够大气。古人说:"大怒不怒,大喜不喜,可以养心。"这也是有修养的一种表现。

　　一个成熟的人在遇到喜事时,不会把喜色表现在脸上,更不会被喜悦的心情冲昏头脑。"乐极生悲"就是说高兴到极点时就会发生悲伤之事。所以,无论你遇到多么开心的事情,或者你的事业取得多么大的成就,都不要沾沾自喜、得意忘形。否则,很容易被对手看穿你的想法,洞察到你的弱点。因此,控制好自己的情绪,时刻保持清醒的头脑,会让你的事业更成功。

　　喜怒不形于色的人必定能成就一番大事。一个人能控制好情绪,不随意改变自己的脸色,那么别人就会敬畏你三分。无论别人怎样讽刺你,你都能做到默默忍受,那就充分说明你是一个非常自信的人;否则,你是做不到的。

　　李丽从进入公司的那天起,工作一直就很努力,业绩也做得很不错,但是最近就被老板辞退了。老板让她下午去财务室结算工资。她的心情很糟糕,中午,她来到公园坐在长椅上发呆。这时,她看到身边一直站着一个小女孩,于是就问:"小朋友,你为什么一直站在这里啊?"

　　小女孩说:"这条长椅刚刚被那位叔叔刷过油漆,我想看看你站起来后背上是什么样子。"

　　李丽愣了一下,然后笑了。她忽然明白了一个道理:就像这个小女孩这双天真烂漫的眼睛渴望看我背上的油漆一样,那些同事们也一定正怀着强烈的好奇心想看看自己落魄和失意的样子。虽然工作丢了,但是也坚决不能丢了自己的笑容和

第七章 世界如此复杂，不要被坏情绪绑架

尊严。

　　于是，下午，李丽像自己来应聘工作时那样，带着满脸的自信去财务室领了自己的工资，高兴地与同事们告别，之后离开了公司。

　　生活中失意是不可避免的，假如有一天你坐在了刚刷油漆的长椅上，那么不要悲伤，站起来，脱下你的外套，拿在手中，没有人会看到后背有油漆，这就是自我保护的一种方法。

别为了这点小事垂头丧气

人生在世,不过短短几十年,但很多人却浪费了太多的时间,只为了那些很快就会成为过眼云烟的小事发愁。别再这样了,这点小事,根本不值得你垂头丧气!

上天赋予每个人可以独立思考的大脑,人们用它来捕捉生活中的美好。他们在枯树的一粒嫩芽上可以看到春天的消息;在迁徙候鸟的鸣叫声中听到它们对家的渴望;在巷弄中打闹嬉戏的孩子的笑声中,回忆起自己无忧无虑的童年;他们听到一句美丽的话语时,会想起自己深深眷恋着的爱人。

人生只有短短几十年,却常常浪费很多时间去发愁一些微不足道的小事。给你讲一个最富戏剧性的故事,主人公叫罗伯特·莫尔。

莫尔对戴尔·卡耐基说:"1945年3月,作为一名美军战士的我,在中南半岛附近80米深的海水下,学到了人生当中最重要的一课。当时，我正在一艘潜水艇上，我方雷达发现一支日军舰队，包括一艘驱逐护航舰，一艘油轮和一艘布雷舰，正朝我们这边开来。我们发射了3枚鱼雷，都没有击中日军舰队，突然，那艘日军布雷舰径直朝我们开来。（后来才知道，这是因为一架日本飞机把我们的位置用无线电通知了这艘军舰）我们潜到45米深的地方，以免被它侦察到，同时做好防御深水炸弹的准备，还关闭了整个冷却系统和所有的发电机。

"3分钟后，我感到天崩地裂。六枚深水炸弹在潜艇的四周炸开，把我们直压到80米深的海底。深水炸弹不停地投下，有十几个在距离我们15米左右的地方爆炸了——如果深水炸弹距离潜水艇不到5米的话，潜水艇就会被炸出一个洞来。当时，我们奉命静静地躺在床上，保持镇定。我吓得简直喘不过气来，不停地对自己说：'这下死定了……'潜水艇的温度几乎到了40℃，可我却被吓得全身发抖，一阵阵地冒冷汗。15个小时后，攻击才停止，显然是那艘布雷舰用光了所有的炸弹后开走了。这15个小时，我感觉好像是过了1500万年。我过去的生活一一在眼前出现，我记起了干过的所有坏事和曾经担心过的一些无聊小事。我曾担心，没有钱买房子，没有钱买车，没有钱给妻子买好衣服；下班回家，常常和妻子为一点芝麻大的事吵上一架；我还为额头上的一个小疤发过愁。

"那些令人发愁的事，在深水炸弹威胁生命时，显得那么荒唐和渺小。我对自己发誓，如果还有机会再看到太阳和星星的话，我永远不会再忧愁了。在这15个小时里我学到的，比我在大学4年学到的要多得多。"

我们一般都能很勇敢地面对生活中那些大的危机，却常常被一些小事搞得垂头丧气。拜德先生手下的工人能够毫无怨言地从事那种危险又艰苦的工作，可是有好几个人彼此之间不肯说话，只是因为怀疑别人乱放东西侵占了自己的地盘；或者看不惯别人将每口食物嚼28次的习惯，而一定要找个看不见这个人的地方，才吃得下饭……

世界上超过半数的离婚，都是发生在生活中的小事引起的。

芝加哥的约瑟夫·塞巴斯蒂安法官，在仲裁过4万多件离婚案后说："不美满的婚姻生活，往往都是因为一些小事。"

一次，戴尔·卡耐基及几个朋友一起去芝加哥一个朋友家吃饭，分菜时，他有些小细节没做好。大家都没在意，可是他的妻子却马上跳起来指责他："约翰，你怎么搞的！难道你就永远也学不会怎么分菜吗？"她又对大家说："他老是一错再错，一点也不用心。"也许约翰确实没有做好，可是戴尔·卡耐基真的很佩服他能和他的妻子相处20年之久。在戴尔·卡耐基看来，他宁愿吃两个最便宜的只抹着芥末的热狗面包，也不愿意一边听她啰唆，一边吃美味的北京烤鸭。

不久前，戴尔·卡耐基和妻子邀请了几个朋友来家里吃晚餐，客人快到时，妻子发现有3条餐巾和桌布颜色不搭配。她后来告诉戴尔·卡耐基："我发现另外三条餐巾送去洗衣店洗了。客人已经到了门口，我急得差点哭了出来，我埋怨自己：'为什么会发生这么愚蠢的错误？它会毁了我的！'我突然想，为什么要毁了我呢？我平静了一下心情，若无其事地走进去吃晚饭，还决心好好吃一顿。我情愿让朋友们认为我是一个比较懒的家庭主妇，也不愿意让他认为我是一个神经质的女人。而且，据我所知，根本没有一个人注意到那些餐巾的颜色。"

大家都知道："法律不会去管那些小事。"人们也不应该为这些小事忧愁。实际上，要想克服一些小事引起的烦恼，只要转换一下观点，有一个新的、开心点的看法就可以了。

作家荷马·克罗伊告诉戴尔·卡耐基，过去他在写作的时候，常常被纽约公寓的大照明灯"噼噼啪啪"的响声吵得快要发疯了。

后来，有一次他和几个朋友出去露营，当他听到木柴烧得很旺时"噼噼啪啪"的响声时，他突然想到：这些声音和大照明灯的响声一样，为什么我会喜欢这个声音而讨厌那个声音呢？回来后他告诫自己："火堆里木头的爆裂声很好听，大照明灯的响声也差不多。我完全可以蒙头大睡，不去理会这些噪音。"结果，不久后他就完全忘记了那些噪音给他带来的烦恼。

很多小忧虑也是如此。我们不喜欢一些小事，结果弄得整个人很沮丧。其实，我们都夸张了那些小事的重要性。

两次担任英国首相的迪斯雷利说："生命太短促了，不要只想着小事。"安德烈·莫里斯在《本周》杂志中说："这些话，曾经帮助我度过了很多痛苦的事情，我们常常因一点小事——一些不值一提的小事弄得心烦意乱。我们生活在这个世界上只有短短的几十年，而我们浪费了很多时间，去为那些很快就会成为过眼云烟的小事发愁。我们应该把生命只用在值得做的事和感觉上。去创造伟大的思想，去体会真正的感情，去做必须做的事情。因为生命太短暂了，所以不该再顾及那些小事。"

爱默生讲过这样一个故事：

在科罗拉多州长山的山坡上，躺着一棵大树的残躯，自然学家告诉我们，它已经活了有四百多年。在它漫长的生命里，曾被闪电击中过14次，无数次狂风暴雨侵袭过它，它都能战胜它们。但在最后，一小队甲虫的攻击使它永远倒在了地上。那些甲虫从根部向里咬，渐渐伤了树的元气。虽然它们很小，却保持着持续不断地攻击。这样一个森林中的庞然大物，岁月不曾使它枯萎，闪电不曾将它击倒，狂风暴雨不曾将它动摇，一小队用大拇指和食指就能捏死的小甲虫，却使它倒了下来。

我们不都像森林中那棵身经百战的大树吗？在生命中也经历过无数狂风暴雨和闪电的袭击，可是最后却让那些用大拇指和食指就可以捏死的小甲虫咬噬个没完。

所以，你要在忧虑毁了你之前，先改掉忧虑的习惯。不要让自己因为一些应该丢开和忘掉的小事烦恼，要记住：生命太短暂了。

郁闷了，不妨发泄一下

郁闷，是一种坏情绪！它不仅会影响我们的心情，令我们无心学习或工作，而且还能够促使我们酿成大错。因此，我们不要被郁闷这种坏情绪绑架了，若真的感觉郁闷了，不妨发泄一下。

女人，为什么你会感到十分郁闷呢？这是由于你心中不良情绪积压导致的。郁闷可不是什么好事，它会将你的正常生活搅乱，让你伤心，而且对你的身体也会造成很大的伤害，所以，当你感到郁闷的时候，千万不要憋着，而是应该给郁闷找一个自然的出口，让它像洪水一样泻出来。

如果想要让心中的郁闷自然地排解出来，那么你就要学会如何跟着感觉走。如果想要做到跟着自己的感觉走，那么该笑时就大声笑，该哭时就大声哭，该发泄时就使劲发泄。大量的科学研究已经表明：适当地发泄一下，对身体有很大的好处。因此，当你感到心情郁闷的时候，就要狠狠地发泄出来。当你发泄完了之后,你就会感觉好多了,而且这对于你的身体健康也是有利的。

在很久以前,有一个名字叫作"爱地巴"的人,每次与别人发生争执的时候,他都会用最快的速度跑回自己的家中,然后绕着自家的房屋与田地跑上三圈,最后坐在田边大口大口地喘气。爱地巴是一个非常勤劳的人,每天都十分努力地工作,所以他拥有的田地也越来越多了。可是,不管房子与田地有多大,只要与别人发生争执,感到郁闷的时候,他都会绕着自己的房子与田地跑三圈。

为什么爱地巴每次郁闷的时候,都要绕着自己的房子与田地跑上三圈呢?认识他的人都对此很不理解,但是无论别人如何问爱地巴,他都不愿意将其中的原因说出来。

时间在不断地流逝,爱地巴已经很老了,而他的房子与田地也变得相当大。每当心中感觉郁闷的时候,他仍然会拄着一根拐杖十分艰难地绕着自己的房子与田地走,等到他终于走完三圈的时候,太阳往往都要下山了,而爱地巴则会一个人坐在自己的田地边上喘着粗气。

有一次,他的心情又郁闷了,刚刚走完三圈,正在田地边上休息的时候,他的孙子非常好奇地问道:"爷爷,您现在的年纪已经非常大了,不可以再像以前那样,心情一郁闷就绕着房子与土地跑了!您能不能告诉我,为什么您每次郁闷的时候都要绕着房子与田地跑三圈呢?"

刚开始的时候,爱地巴也不想说,但是最后却禁不住孙子一而再再而三地询问,终于将隐藏在自己心中多年的秘密说了出来。他说道:"在我年轻的时候,每当我与别人发生争执,心情郁闷的时候,我总是会绕着我的房子与田地跑三圈。我一边跑一边想,我现在的房子才这么小,田地也这么少,我根本没有多余的时间,同时也没有任何资格去跟别人生气。每当想到这里的时候,我的心里就会变得舒服多了。然后,我会将全部的时间都用来拼命地工作,所以现在才有了这么大的房子与这么多的田地。"

他的孙子又问道:"爷爷,我还是不太明白,如今,您的年纪已经这么大了,而且也成为附近最为富有的人,为什么您还要绕着咱们家的房子与田地跑呢?"爱地巴微笑着回答:"因为我现在还会有心情郁闷的时候呀,当我感到郁闷的时候,我就绕着房子与田地走三圈,我一边走一边想,我现在的房子都已经这么大了,田地已经这么多了,我又何必再与别人进行计较呢?当我这样想的时候,我心里又会变得舒服多了。"

尽管爱地巴在心情郁闷时,发泄的方式非常奇怪,但是毫无疑问其效果还是十分不错的。因此,我们每个人都应当根据自己的个性特征,选择一种最为恰当,同时也最为有效的发泄方法,并且将之培养成一种习惯。这样一来,当我们感觉心情郁闷的时候,就能够让它快速地从我们心里滚出去了。

不过,在现实生活中,也有很多女人不懂得合理地发泄心中的郁闷,所以她们往往会遇到各种麻烦。

小E的家人与朋友都知道小E是一个非常容易发怒的人,

所以，大家都会尽可能地不惹她。万一她遇到什么不顺心的事情，大家就会有意无意地躲开她。她在公司上班时，还是会尽量忍耐的。但是，倘若那些她原本就不喜欢的人惹了她，那么她是绝对不会善罢甘休的。她或许会很生气地骂一些莫名其妙的话，但也可能会直接将矛头指向惹怒她的人，一边谩骂对方，一边讥讽对方。在这样的情况下，如果对方是一个没有什么耐性的人，他们就会针尖对麦芒地相互进行指责、谩骂，甚至有的时候还会打起来。

于是，同事们都有点儿害怕她，慢慢地远离了她，甚至连她的领导都不愿意轻易地招惹她。情况严重的时候，她还可能会由于打人而被对方起诉，而且经常弄得一身伤，但是却没有一个人会同情她。

那么问题到底出在什么地方呢？其实，这主要是因为小E没有办法控制自己的情绪，郁闷的时候所使用的发泄方式不当所导致的。

实际上，不管遇到什么样的问题，我们首先要做的就是十分理智地将整个事件分析一下，心平气和地与别人讨论哪些地方意见不同。像小E那种不仅伤害别人，而且也伤害自己的发泄方式，对于解决问题是没有任何帮助的，反而会给你带来不少令人头痛的问题，因此，应当尽可能地避免。倘若你是在公司中与别人发生了冲突，那么你可以向懂你、愿意听你诉说的人寻求帮助，请求他们为你拿主意。同事之间发生冲突与矛盾，可以让第三方来帮助调解，这样更容易让你发现自己个性上的缺点，然后及时地进行改正，那么以后你就不会再犯同样的错误了。

因此,当我们心情郁闷的时候,应该及时地发泄出来,但是需要注意的是发泄的方式应该是适当的、合理的。那么,什么样的发泄方式才算是适当的、合理的呢?这需要根据你的具体情况来定。比如,你是一个非常容易冲动的人,那么你可以在自己的家中悬挂一个沙包,以便你及时地发泄心中的郁闷。其实,不管你选择什么样的发泄方法,只要对他人没有影响而对你又是有效的,那么这就是适合你的合理的发泄方式。

当然了,我们应该尽可能地减少产生郁闷心情的可能性,我们应该学会体谅别人,学会宽以待人。但是,有的时候,认认真真地发泄一次还是非常有必要的,毕竟谁也难免会遇到一些烦心的事情,谁也不愿意让郁闷的心情影响自己的工作与生活,甚至对自身的身体健康产生不利影响!

用尖叫的方法来解压

因为现代人的生活与工作节奏变得越来越快，人与人之间的沟通也变得越来越少了，所以这难免会导致压力过大，心情不爽，尤其是女人。科学家通过研究表明，尖叫是一种很好的解压方式，它不但能帮你将心中的压力发泄出来，而且还有利于你的身体健康。

有些女人将尖叫看作是一种非常疯狂的行为，尤其是个别女性那超高的分贝更令人感到心惊胆颤。实际上，只要不对别人产生影响，尖叫也不是没有一点儿好处的。比如，它可以使人的精神压力得以缓解，给人一个放松的空间。

不少心理治疗师都认为："所有形态的不快乐都是因为心中的情绪得不到表达。"所以，他们认为，只要将心中的情绪完全地表达出来，不做一点儿迟疑与保留，人就不再受"情绪包袱"的影响，就会变得心平气和。

当你心情不佳的时候，不妨利用尖叫的方式来发泄一下。

第七章 世界如此复杂,不要被坏情绪绑架

你所需要做的是将你所有能够抒发情绪的管道,比如你的心智、你的呼吸以及你的声音等都打开。这件事情看起来非常复杂,实际上是十分简单的。你只需要大声地尖叫就可以了,抑或吼叫也可以。

王芳是某公司的白领员工。已经半夜3点了,她却怎么也睡不着。几个小时之前,她与老公争吵的画面仍然清晰地浮现在她的眼前,老公那带有侮辱性的语言深深地伤害了她。她与老公一起经营了23年的家破碎了,老公向她提出离婚。对此,王芳感到非常委屈、恐惧以及不安。

凌晨5点时,王芳坐着第一班大巴赶往公司。因为过于疲惫,仓促下车的时候,她的包狠狠地撞向了车门,结果,包中的移动硬盘被撞坏了,她熬夜赶出来的策划也不能在公司的讨论会上展示了。因为这件事情,部门经理将王芳狠狠地批评了一顿。王芳的心里充满了无限的委屈和无可奈何,一瞬间王芳觉得生活已经没有了任何的意义……

实际上,倘若你就是王芳本人的话,遇到这样的事情,你不妨拿一个十分柔软的枕头,走到一个能够让你单独待一会儿的房间。首先深深地吸一口气,用那个柔软的枕头将自己的脸盖住,然后用尽你身体中所有的能量,拼命地大声尖叫或者高吼。接着,再深深地吸一口气,然后再用那个柔软的枕头将自己的脸盖住进行尖叫。就这样一而再再而三地大声尖叫,直到你感觉自己所有的不良情绪都已经通过自己肺的呼吸、声带的声音完完全全地释放出去了再停止。

你可以尽一切可能地想出现实生活当中,甚至这个世界

上，你不认可的所有的事情，然后对着一个柔软的枕头大喊："不对！"倘若你感觉自己十分疲惫，心情非常沮丧、懊恼，那么，你可以用同样的方法大喊："我实在太讨厌疲倦、沮丧以及懊恼了！"倘若你感觉自己的生活非常幸福快乐，那么你可以大喊："呀嗯！"倘若你遇到了一个令人非常生气的人，那么你可以大叫："太过分了，气死人了！"如果你想要一个非常爱你的人，或者是想到了你喜爱的事物，那么你可以大喊："我爱你！"或者"简直太棒了！"

倘若你感到自己的胃中发热或者后背十分疼痛的话，那么你就大声地喊出来；倘若你觉得自己颈部十分僵硬或者胸腔紧收的话，那么你也可以大声地喊出来。直到你身体中所有的细胞都说："我已经全部喊完了，再也没有任何的怨言了。"这个时候，安安静静地坐一会儿，你将会深深地感受到从压抑的情绪中解脱出来的舒服感觉。在现实生活中，想要将你的不良情绪抒发出来，那么你就必须培养这样的解脱感，这就是发泄之道。

因此，可以这样说，尖叫可以帮助你释放情绪，同时也可以帮助你发泄烦恼。而现代都市中的工作一族是这种发泄方式所要面对的目标人群。因为这些人的身上背负着就业的压力、住房的压力、生存的压力等各种各样的压力，压得他们喘不过气来。于是他们的情绪也就随之变得十分不稳定，各种不良情绪也经常来骚扰他们，从而对他们正常的生活与工作产生非常不利的影响。

亲爱的女性朋友，如果你也是他们当中的一个成员，也曾经遇到过上述的情况，那么你可以选择这种尖叫的方式，来发泄你心中的不良情绪。当然了，倘若你不属于这类人，但却想用尖叫的方式发泄不良情绪也是可以的。

将所有的烦恼"哭"走

哭是一种非常常见的情绪反应,但是却能对人们的心理产生一种十分有效的保护作用。因为哭可以很好地缓解或者发泄出心中压抑的不满与委屈,从而使你精神上的负担得以减轻,而且哭还有利于你的身体健康。

人可以通过很多方式来减压,比如,打个哈欠是睡觉前紧张情绪的释放;叹叹气可以使人的压力得到缓解。人在难过的时候,经常听到的劝慰多数都是笑一笑,基本上没有人会劝导你哭一场。因为在大部分人的印象中,哭被视为一种有害于身体健康的情绪反应,通常会被当作与不好的事情有关。实际上,哭也是一种非常不错的解压方式,能够帮助身体暂时达到一个平衡。

从医学角度上来讲,眼泪是一种从泪腺中分泌出来的液体,而泪腺的具体位置在眼球的外上方。平常人平均每分钟会眨13次眼睛,这是人体自我保护的一种方式。每次眨眼睛的时候,眼睑都会从泪腺中带出一些泪水,这些泪水不但可以对眼球进行湿润,而且在与污染物进行混合之后,还能够消除眼角的污物。

美国一家著名的医学中心精神病实验室专家曾经对人的眼泪进行过相关的研究,他们发现,眼泪能帮助人减轻压抑的感觉。他们分析了眼泪的化学成分,结果发现,眼泪中包含着两种非常重要的化学物质,即亮氨酸和脑啡肽复合物及催乳素。非常有意思的是,这两种重要的化学物质只存在于由于情绪的影响而流出来的眼泪中;如果是由于受到洋葱等刺激而流出来的眼泪,则不含有这两种重要的化学物质。

研究人员觉得,人体在排出眼泪的时候,能够将积蓄在人体中的致使人郁闷的化学物质清除,从而使人的心理压力得以缓解,心情变得轻松起来。该实验室的研究人员曾经选择了200多名男女,做了一项为期30天的"哭泣试验",最终的结果是73%的男性与85%的女性都声称,他们在大哭一场之后心里就舒服多了,压抑感测定平均缓解了大约40%。

哭是人表露情感的方式,人们往往是在受到了很大的精神刺激,或者感觉内心十分委屈的时候才会哭。当一个人面对很大的压力时,总是会通过某种方式去消灭它,可是人的忍受力是有一定的限度的,有的时候,你需要通过合适的途径将其发泄出来。该哭的时候不哭,一直强忍着,憋在心里的时间长了,你的压抑感会变得越来越严重,精神的负担也会变得越来越大,进而导致情绪低落、精神萎靡、夜不能眠、食欲不振,甚至出现悲观厌世,想要自杀的念头,而抑郁症就是在这个时候形成的。

其实，哭是人类用来排泄痛苦与烦恼最为自然的一种方法。在悲伤难过的时候，人们常常会哭泣，尤其是妇女与儿童。所以说，哭并不是什么坏事儿，哭对于缓解悲伤、烦恼等情绪状态有着很大的帮助。

刚出生没多久的婴儿利用大声地哭泣来促进自己肺部的成长；而女人也由于比男人更善于哭泣而拥有更长的寿命。哭泣是上帝赐予我们的一种先天性的本领，有着无穷的奥秘。但是，长久以来，根深蒂固的观念始终教导我们，哭泣是"软弱""懦弱"的代名词。在这种枷锁的影响下，我们不自觉地对哭泣的本能进行了压抑。

实际上，在发泄不良情绪的诸多方式中，哭是一种效果非常棒的方式。哭能够将人在情绪紧张的时候所产生的化学物质清除掉，从而让身体恢复到一种十分放松的状态，使不良情绪得以缓解。所以，当你处于极度悲伤与难过的情况时，想哭的时候就不要忍着，好好地哭一场吧！这样一来，你才能够释放压力，得到幸福与快乐。

总而言之，作为一个女人，当你情绪不好的时候，若强忍着不哭，则会对身体产生不利的影响。不管是哪一种情感变化引发的哭，都是人体自然反应的一个过程，所以，不需要努力克制，特别是当你心情郁闷的时候，大声地哭出来吧，那样你的心情就会好起来，让我们一起将所有的烦恼"哭"走吧！

不良情绪可以被转移

社会在飞速发展，人们所面临的压力也日益增多。于是，焦虑、紧张、愤怒、沮丧、悲伤等不良情绪趁机来袭，搅得我们的生活不得安宁。尤其是女人更容易受到不良情绪的困扰。在此情况下，我们必须学会转移不良情绪！

在日常生活中，我们难免会碰到一些能诱发不良情绪的事情，比方说，当你经过多次的奔波，终于寻找一份满意的工作，能够放手大干，一展才华的时候，却非常意外地发现，与别人相比，你的工资却少得有点儿可怜了；当你提出的一项技术，已经被实践证明可以获益良多，而且正在慢慢地推进的时候，突然有些人对此议论纷纷，还夹杂着十分难听的话；当你与心爱之人携手走进婚姻的殿堂，建立起美好家园的时候，你突然发现你的爱人有些事情对你做了隐瞒。诸如此类的情况都会让你心情变得很糟糕。

不良的情绪除了会对你的心情产生影响之外，还可能会诱发高血压、糖尿病、冠心病、消化性溃疡、过敏性结肠炎以及癌症等身心疾病。对于那些已经患了某些疾病的人，会促使其生理功能进一步紊乱，抵抗疾病的能力降低，从而加速原本就有的疾病的恶化。

西汉时期，有一个著名的政论家与思想家，名字叫作贾谊。贾谊在18岁的时候，就因为诵诗著文而名声斐然，后来被河南太守吴公招揽进了自己的门下。在文帝刚刚登基的时候，听闻吴公曾经拜李斯为师，号称治理政治天下无双，于是就授予了他廷尉之职。后来，吴廷尉向文帝上书大力推荐贾谊，说贾谊虽然年纪不大，但是却精通诸子百家之书。因此，文帝就任命贾谊为博士。那个时候，贾谊年仅20余岁。每次参议诏令之时，大家都还没能说话，贾谊就与之对答如流，众人都认为自己的才能不及贾谊。于是，贾谊在一天之内连升三级，被破格提升为太中大夫。

文帝非常赏识贾谊的才华，想要任命他为公卿，但是却遭到了周勃以及灌婴等朝廷重臣的反对，并且污蔑他说："年少初学，专欲擅权，纷乱诸事"，因此文帝就疏远了贾谊，不再采纳他的建议，于是，将他贬为长沙王太傅。

在古时候，长沙属于一个"卑湿远地"，贾谊为汉室基业忧心操劳却被贬到了长沙。当贾谊路过湘水的时候，作赋以吊屈原，借着"彼寻常之污渎兮，岂能容吞舟之鱼"来感伤自己的意不自得。他的心中充满了忧愁与苦闷，胸中激荡着不安之情，逐渐地表现出了想要远走退隐的想法，再后来更是自己为自己感到伤心而不停地哭泣，直到最后中年夭折。他去世的那一年才只有33岁。

贾谊之所以会英年早逝,最重要的原因就是由于心中积聚着不良情绪,一直没能发泄出来,最后诱发了疾病。紧接着,他的病情又因为其情绪一直处在低落的状态中而不断加重,最后满怀遗憾地离开了人世。由此可见,如果不能及时地将不良情绪驱逐出去,将会对你的身体健康造成多么大影响。

一个人在早晨的时候,心情非常好,她可能对自己的丈夫、自己的工作以及自己的房子等,都充满热爱。她可能对自己的前途感到非常乐观,对过去也充满了感激之情。然而,到了下午的时候,倘若她的心情不爽的话,那么,她就会说,她讨厌自己的丈夫,厌恶自己的工作,感觉自己的房子简直就是垃圾,而且认为自己的事业没有什么发展前途。

所以说,不良情绪除了伤害你的身体之外,还会对你的事业产生不良影响。试想一下,当不良情绪充斥在你的心间时,你就会产生不想与他人进行交往的想法,非常容易陷入一种自我封闭,孤僻难懂的状态中。但是事实上,你不可能不与任何人进行接触,尤其是在工作的时候。这样一来,由于不良情绪的影响,你的言谈、神态以及举止等都会变得不对劲,总是有意无意地给他人一些不良的信息刺激。那么,你的事业怎么可能不受影响呢?

除此之外,不良情绪还可能会对人生效率产生破坏作用。

人们经常说:"祸不单行,福无双至",实际上,这主要是因为不良情绪在作怪。各种各样不尽人意的事情,比如钱财丢失、亲友去世、家庭不和、环境变化、工作挫折等,都会将当事人原本的心理平衡打破,使人处于一种消沉、悲观、抑郁以及烦恼的心理状态。人在这样的心理状态下生活与工作,自然就会变得心不在焉,注意力不集中,从而再一次诱发"倒霉事件"。

这样看来,祸不单行并不是命运故意为难你,而是由于你的情绪不佳、心理失衡所导致的。每个人总是生活在一个充满矛盾的世界当中,心理平衡随时都有可能被打破。一旦我们的心理平衡被打破了,那么就可能会接连不断地出现各种失误。如此一来,我们就不可能会正常而有效地进行生活与工作。

因此,女人们,千万不要小看不良情绪的影响力,倘若不能及时地将不良情绪疏导或释放出来,那么势必会对我们的生活、工作以及学习产生不良影响,进而诱发身心疾病,最后甚至对我们的生命产生威胁。那么,当我们遭遇不良情绪的时候,我们应当怎样进行排解或发泄呢?你不妨试一试下面的几个小方法。

1. 写日记

将生活中的痛苦与欢乐,哭泣与笑声,热爱与憎恨等,统统写下来。当你写完之后,就会产生一种痛快淋漓的感觉。这个时候,你的心情也会随之好起来。当然了,你也可以给自己的好朋友写信,将自己所有的烦恼写到信中,写完之后就会让你的心情舒畅很多。即便你最终不会将这封信寄出去,那么你的不良情绪也随之被抛到九霄云外了。

2. 放声高歌

音乐在对心理疾病的治疗方面，有着十分特殊的作用，所以医学上出现了一种特殊的疾病疗法——音乐疗法。所谓"音乐疗法"，其实主要是通过收听各种各样的乐曲，将病人从不同程度的病理情绪中解放出来。实际上，除了听之外，我们自己也可以唱出来，这同样也能起到很好的作用。特别是放声高歌的时候，可以有效地将心中的紧张、激动等情绪释放出来。所以，当我们感觉心情抑郁的时候，不妨找一个合适的地方，放声高歌一曲，从而使不良情绪得以缓解。

3. 学会倾诉

人们遇到了烦心的事，总是希望能够向自己信任，同时又能安慰自己的人倾诉，这样就可以使你的心理与情绪得到很好的调整。所以，当你心中感到烦恼与苦闷的时候，不妨邀请几个知心朋友一起聚一聚，喝杯咖啡，饮壶清茶，把心中的烦忧向他们倾诉一番，将自己心中堆积的不良情绪倾吐出来，以便得到朋友的同情与开导。

4. 以静制动

当你感到心情不爽，产生不良情绪的时候，你的内心必定是非常激动、焦躁的，你可能会感到坐立不安。但是，这个时候，如果你能够默默地摆弄一下花草，欣赏鸟语花香，或者挥毫书画，抑或是到河边垂钓等，这些表面看起来和消除不良情绪没有任何关系的行为，恰恰是一种独特的以静制动的发泄方式。它可以让你用清雅幽静的态度将心中的怒气平息，从而将沉重的压抑感排出体外。

实际上，将心中的不良情绪发泄出来的方法还有许多，从轻轻的一声叹气，到大声歌唱、欢笑、疾呼、怒吼以及打球、购物等，都能够在不同程度上缓解或消除不良情绪。因为个体之间存在着一定的差异，所处环境与外界条件也不一样，所以采用的发泄方式也可能会不同。不过，只要是适合你的就是最好的发泄方式。

在旅行中排遣所有的郁闷

很多人都喜欢旅行，因为旅行能带给人最大的快乐——排遣所有的烦恼：将人们由于过分沉重的工作压力所带来的烦恼排遣出去；将人们遇到的大小烦恼排遣出去，使其成为一个自由自在、没有任何拘束、在山水之间尽情玩耍的闲云野鹤。所以，女人，当你在现实生活中，遇到了一时之间没有办法解决的烦恼，感到十分郁闷的时候，你不妨暂时从现有的困境中摆脱出来，出去转转。

古时候，人们的旅游总是令人无限遐想。有钱的人骑着马，没钱的人骑着驴，或者手里捧着一卷诗书，或者腰间携带一壶美酒，走一会儿，停一会儿，不管走到什么地方，都可以吟诗作对，一边歌唱一边走遍天涯。"登山远望则直抒胸臆，临水迩思则缱绻徘徊"，羡慕鸥鹭，喜爱花草，在中秋之际，于明月之下感伤远游，在山中遇到鹧鸪之时，则会感伤离家。如果在旅途中遇到了朋友，如果是曾经相隔天涯海角的兄弟，可以把酒言欢，是一件多么令人高兴的事情啊！

在明朝时期，有一个名字叫作徐霞客的人，就是一个非常浪漫的旅行家与冒险家。徐霞客就用自己的两只脚走遍了祖国的山山水水，将自己毕生的精力都放到了旅行与探险上，最终完成了一本关于人文地理知识的奇书——《徐霞客游记》，令后人敬佩不已。

尽管我们没有办法像徐霞客那样用自己的一生去旅行，但是我们感到抑郁难耐的时候，我们也可以巧借旅行的方式把自己从烦恼与忧愁中摆脱出来，让我们的心灵得到解放。有的人可能仅仅是想要借着一次旅行中的冒险，来为自己的生活制造一点点儿浪漫和刺激。无论属于哪一种情况，每个想要出门旅行的人，在临出发之前的动机可能都是不一样的。即便他们坐的是同一架飞机，最终的目的地也是同一个地点，他们的旅行目的也有可能是不一样的。旅行是记忆的一种收藏，同时也是美的一种收藏。所以，当心中潜藏的那份对生活与生命的苛求没有办法得到满足时，很多人就希望通过一段又一段的旅途，获得短暂的治疗与舒解。

与古代人一样，很多现代人也对旅游情有独钟，尽管还不能达到古人的潇洒，但是却可以学习一下他们的情致，从而让旅游也带上风雅的格调。

小丽在北京的一家公司工作，因为身兼两个职务，所以下班回到家之后还需要翻译文件，写策划方案。她平均每天要工作15小时左右，非常辛苦。

有一天，小丽忽然决定要去欧洲进行旅行。这主要是由于两方面的原因：第一，她实在忍受不了这样超负荷的工作压力了；第二，为了实现少年时期环游世界的梦想。于是，她就抱着最坏也就是辞职的心情向自己的顶头上司请了三个月的长假。得到批准之后，她快速地收拾好行囊，迈出了她探索世界奥秘旅行的第一步。

她感觉自己在北京的生活实在太紧张了，当她刚刚到达欧洲的时候，一时之间还不怎么适应欧洲的闲散。她发现在欧洲人的生活步调当中，总是透露着一种富裕后的从容不迫。在每天超负荷工作15小时之后，她从自己身边缓缓走过的欧洲人的身上，发现了自己的神经绷得太紧了。

当她走过街道边上的咖啡座时，温暖的阳光照在小丽身上，让她感觉暖烘烘的。小丽伸了个懒腰，坐了下来，仔细地打量着来来往往的行人，一动不动地坐了好几个小时，就这样非常悠闲地等待着日影西斜。

到了夜晚的时候，法国巴黎的香榭丽舍大街之上，一片灯火辉煌的盛景，很多人来回地穿梭，吃一个凉爽的冰淇淋，喝一杯美味的鸡尾酒，听一首悠扬的小曲，完全不将夜色转墨放在心上。

在旅行了一个月之后，小丽开始深刻地体会到欧洲人的生活情调是何等舒缓，在此过程中，她也将自己懒散的心悄悄地留在了欧洲。

后来，随着旅行的地方不断地增多，小丽漂泊的经验也变得越来越丰富了，那些不同国家与民族的色彩也慢慢地散去了，最后留给小丽的是一个性格活泼、胸襟开阔的精神面貌。每次旅行归来的时候，小丽都深深地感觉到自己的心灵又一次被洗涤得非常清爽。

所以说，旅行是一个可以让你喘息与歇息的空间，是一个人生命中非常重要的驿站。如果一个人觉得生活太累了，很多问题都搅和在一起，怎么也理不出头绪的话，那么旅行就成了一个非常好的脱逃的借口。旅行可以让你从纷繁复杂的人际关系中，从无比沉重的工作学习中，甚至是从最为亲近的家人朋友中，解脱出来，给自己一个短暂休息的机会，让自己能喘一口气。出去走走转转，至少帮助你将那些烦心的人与事全部抛在脑后，等你再回来的时候可以重新做一个快乐的人。当然了，出去走走转转属于一种心灵上的出游，而不是借此逃避现实。只有弄清楚自己的目的，才不会出现不恰当的想象与期待。

在旅途的过程中感悟人生，肆意地释放烦恼与郁闷，尽情地汲取旅行带给你的快乐，这才是真正的旅行。这种快乐并不是单纯的感官之乐，而是打动你心灵，从心灵深处散发出来的快乐。因此，女人们，当你感到心情抑郁、满腹愁绪的时候，出去旅游吧，它会让真正的快乐将你所有的烦恼都排遣掉！

减压也需要一定的技巧

在现代社会中,生活节奏非常快,每个人都面临着不同程度的压力,甚至还可能会因为压力太大而引发各类疾病。所以,我们一定要学会为自己松松绑。

现在,我们就为读者朋友介绍几种有效的减压方法。
1. 认知疗法
通常来说,认知疗法包括3条原则,分别为:

第一,你的一切心境都是因为你的思想,或者说是因为你的"认识"而形成的,你会有如今这样的感觉,原因就是你的大脑中此时此刻的想法而导致的。

第二,当你感到非常郁闷,压力十分大的时候,主要是因为一种无孔不入的消极情绪占领了你的头脑。这个时候,在你的眼中,整个世界看起来都是灰蒙蒙的。更加糟糕的是,你慢慢地就会相信,事情果然与你之前想象的一样,你真的是一无是处。

第三，这种消极的思想经常会让你扭曲真实的情况，甚至扭曲你自己，往往包含着非常严重的失真。它基本上就是导致你重大压力与无限痛苦的唯一原因。如果你能够将这些失真的思想从头脑中驱逐出去，非常勇敢地面对问题时，那么你的压力就不会那么大了，你也就不会再感觉那么难过了。

实际上，这三条原则是向你传达一个真实的现象：很多压力与痛苦都是由于人们的心理错觉影响而造成的。换句话说，很多压力与痛苦都是人们自己虚构的。所以，人们应该在造成重大心理压力以及恶劣的情绪之前，就要将它识别出来，然后通过合适的方法将其制止。

在现实生活中，没有一种固定的模式，能够百分之百地保证你不受压力的侵扰。但是，却真的有一些十分有效的方法能够帮助你缓解压力。

其一，对于自己做的所有事情，都不要过分地期待他人的赞赏。我们应当明白，赞赏是生活赐予你的礼物，但却不是你生活的主流部分。倘若将期待赞赏视为一件理所当然的事情，那么往往会让一个人很难正确地面对挫折与压力。

其二，对于他人对你的否定评价，你也不需要太在意。这个时候，你应该做的就是认真地从中吸取教训，搞明白为什么对方会这样评价你，但是却不要因为这件事情而产生过大的压力。

其三，你应该学会放弃保持绝对控制的观念，不要总是为了应付学习或工作中的每一个最后期限与将每一个定额都填满而忙于奔走应对，让自己非常劳累。

其四，当你感到有压力的时候，可以出去散散步，这样可以让你很好地放松一下，从而帮助你恢复对事物的敏锐洞察能力。

其五，不要养成每天晚上都将任务带回家的坏习惯，要尽可能地避免长时间地学习与工作，不要轻易地工作到深夜，也不要随随便便地在周末的时候加班加点。

其六，当自己感觉压力很大的时候，你可以去逛街购物，将那些平时自己想买但是又没有舍得买的东西买回家。

其七，你应该学会授权，将自己的工作与责任分给那些有能力的人，让他们与你一起承担。

其八，允许自己偶尔犯个错误或者在对某件事情进行判断的时候出现失误。你应当知道，有的时候错误是可以转化为非常有创意的解决问题的最好方案的。你应该果断地放弃那种不是黑就是白，不是对就是错，不是好就是坏的思考方式。要知道，做一件事情的时候可以采用很多的方法。也许你所犯的错误还可以帮助你发现解决一种问题的新方法。

其九，当问题已经出现了之后，与其一味地去追究这到底是谁的责任，还不如将重点放在对出现失误的原因进行分析以及如何将问题解决掉上。惩罚会产生一定的压力，而对于处罚者来说，同样也会产生一定的压力。所以，这个时候，我们应该做的是相互配合起来，迅速地将这个问题解决，然后集中精力将这个教训记住以及如何防止类似问题的发生。

其十，倘若某些人或者某种环境逼迫着你做自己不愿意做的事情，那么，你最为明智的选择就是想方设法地避开那些人或者那种特定的环境。

2. 保证睡眠的质量

一直以来，睡眠质量的好坏是评定身心健康的最好指标。如果晚上睡不好，那么就表示"放不下"，心中被很多"杂念"所困扰。所以，睡得好，心情就会好，反过来也是一样的。良好的睡眠，可以改变一个人的心情。那么，我们应当怎样做才能将杂念放下来，继而安然地入睡呢？其实，你不妨试着晚上早点睡觉，而且还要像吃饭一样"定时定量"，使得每天"睡觉"与"醒来"的时间变得固定化、规律化。为了更好地入眠，我们可以在睡觉之前，听一会儿优美的轻音乐或者做一段温和的体操。当然了，如果你选择在临睡之前"静坐"以及"冥想"20~30分钟的话，那么也可以获得放松、平静的效果，而且效果还会很好。

3. 对饮食与体重加以控制

在现实生活中，有的人在感觉压力很大、情绪不佳的时候，经常依靠吃东西来进行缓解，其结果可能会是越吃越多，到最后患上了"暴食症"。然后又因为不喜欢自己发胖的身材，不敢再吃，进而又患上了"厌食症"。刚开始的时候，吃东西确实可以帮助我们缓解压力，但是不加节制地吃只会成为一种逃避现实的不理智的做法，会带来无穷的后患。此外，饮食习惯与人的情绪有着很大的关系，如果你吃饭的时候，不定时也不定量，每次吃饭都吃得太多，而且吃的口味偏向于肉类、油炸、刺激性以及含有咖啡因的食物，那么你的心情就会变得浮躁不安。因此，我们应该对平时的饮食与体重加以控制。

4. 不要太过忙碌

在以前农业社会中，因为人们的生活十分闲散，所以"勤奋"是一种非常好的美德。而现在社会竞争的步伐不断加快，每天的工作时间很容易超过8个小时，而且还有工作越来越忙，工作时间越来越长的趋势。在这样的情况下，你就有可能成为"工作狂"，甚至因为这样而"过劳死"。你应当明白，正是由于太勤奋了，反而应当学会将脚步放慢，从而让你的心情放松下来。你不要总是以百米赛跑的速度在生活中冲刺，而应当用跑长途马拉松的方式进行生活。过于忙碌会造成茫然和盲目，所以，我们应该清醒地掌握自己的人生。换句话说，我们不要再"瞎忙"下去，应该"闲下来"，合理地安排生活。

5. 对自己的外表满意

心理学家通过大量的研究表明，对于别人不满意实际上是对自己不满意的"投射"；讨厌他人的那些缺点，实际上正好是你自己的缺点。简单地说，那就是对于别人或者周围的世界不喜欢，只不过是一个"表相"，其"真相"就是对于自己不满意。

因此，要想喜欢别人，那么就请先喜欢自己；而那些喜欢自己的人，才有可能得到别人的尊重与喜欢。一个人越是喜欢自己，那么就越注重自己的外表，这里说的外表并不是指华服珠宝，而是说自己的形象看起来整洁体面。如果你很满意自己的外表，那么你就会更加喜欢自己。这样一来，你的性格自然也就会变得十分开朗与乐观。

第八章 淡定人生，做一个岁月无痕的美人

任何事物的发展都可能是一条直线，就像我们的生活，从来都不会一帆风顺一样。聪明的女人能看清其本质，始终保持淡定，以良好的心态面对一切，最终达到既定的目标。要知道，淡定人生，做一个岁月无痕的美人。

你简单，就会幸福

在如今这个浮华而喧嚣的社会中，必须谨记一个古老而简单的真理：简单才能自由，简单才容易幸福。你简单，你就会幸福。

也许你是职场白领，忙忙碌碌，行色匆匆；也许你是家庭主妇，精打细算，持家过日子；也许你是单身女性，青春靓丽，单纯依然；无论你是谁，无论你走在人生的哪个阶段，此刻，请你暂停一下，问一问自己：你要的幸福在哪儿，你还能感觉到它吗？

曾经，我们的幸福很简单。小时候，在爸妈的宠爱里，一颗大白兔奶糖就是我们简单的幸福；在幼儿园里，一朵大红花就是我们单纯的幸福；在小学、中学，一张"三好学生"的奖状就是我们莫大的幸福；初恋时，一个轻轻的吻就是我们最大的幸福……

可是，现在，就是此时此刻，请你扪心自问，你还能感受这样的幸福吗？

可能很多人都不能了，因为我们现代人活得越来越复杂了。我们为了物质享受而竭尽全力，奋力拼搏，我们努力地工作，激烈地竞争，或许我们在这一场社会的战斗里获得了短暂性的胜利，我们赢了房子、车子与金钱，我们从中得到了物质甚至是精神方面的许多享受，但是却失去了最初那份简单的幸福。我们顶着巨大的压力，忙碌工作，焦虑失眠，烦躁抑郁，我们渐渐地失去了那最初的感受幸福的能力。

你忙碌的步伐不禁停下来，你会茫然地问自己：我想要的幸福呢？幸福有多远？

其实，幸福就在你的眼前。幸福从来都没有溜走，只是你在忙碌之中失去了感受幸福、品味幸福的心境。

那么，不妨让脚步慢下来，让头脑闲下来，让我们暂时从这场物质奴役大战之中撤退，让一切都安静下来，然后，向我们的心请求一次幸福的给予。

当你早上起来为自己做一顿早餐，崭新的一天即将展开，你吃着可口的松饼，品尝着美味的咖啡，你不觉得这是一种幸福吗？

当你下班打卡，乘公交车回家，想到家里有一个人在等待，你不觉得这是一种幸福吗？

当你加班加点，辛辛苦苦做完了工作，你觉得很累，但是一回到家就看到那个天使般的小孩用清脆的声音叫妈妈，这个时候你不觉得幸福吗？

当你用自己辛苦工作挣来的钱给爸妈买了补品或衣服，看着爸妈满足的笑脸，你不觉得幸福吗？

当你看到路边一朵花美丽地绽放，街头一棵树茂盛地生长,你看到阳光明媚地洒在地板上,阳光的味道暖融融地进入你的鼻息,你不觉得幸福吗?

幸福其实是如此简单。每一天都有很多可以让人心生幸福感的小事情存在着,它就在那里,一直在,从来都没有离去,只是你不在了,你的心不在这儿,所以你感受不到幸福。

因此,让我们从物质的追逐竞技场中撤退下来,给心一方闲适的空间,让它透一透气,感受一下空气、水分与阳光。这些简单的幸福,都在那儿等着滋润你干枯的心。只要你愿意,它随时都在那儿。

保持淡泊的心态

愚蠢的人总是想方设法地争得地位、名誉、荣华富贵,而聪明的人却对这类东西从未感到过任何的兴趣和欲望。所以,请保持淡泊的心态,做个聪明的女人吧。

对于女人来说,一生最大的财富不是金钱,不是权利,而应该是淡泊的心态。因为不管多少金钱、多大的权利,都换不来真正的快乐,可是淡泊的心态却能够让快乐永驻你的心间。有钱有权的女人不一定是快乐的,只有拥有淡泊的心态,认真领略生活的人,才能收获开心与快乐。

据说,从前有一个非常富有的人,家中有万顷良田,身边有成群的妻妾,但是,他却过得并不开心快乐。

在他家的隔壁住着一户非常贫穷的铁匠。铁匠夫妻虽然没有丰厚的家产,但是整天有说有笑,日子过得相当开心。

有一天,富翁的一个小妾又听到住在隔壁的铁匠夫妻俩唱歌，就对富翁说道："尽管我们家拥有家产万贯，但是还没有穷铁匠过得快乐呢！"富翁认真想了一会儿后，笑着说道："我可以让他们明天不再唱歌！"于是，富翁拿出了两根金条，然后使劲一扔，将这两根金条从墙头上扔到了铁匠家。

第二天，铁匠夫妻二人在打扫自己家的院子时，突然发现了两根金条，他们的心中非常高兴，但是也十分紧张。为了这两根金条，铁匠夫妻俩丢下了他们铁匠炉子上的活儿。铁匠说："咱们用这两根金条买一些良田吧。"铁匠的妻子说："绝对不行！如果这金条让别人发现了，人家会怀疑我们是偷来的。"铁匠说："那你先将这两根金条藏在炕洞中吧。"铁匠的妻子摇了摇头，说道："这也不行，如果将金条藏在炕洞中，极有可能会让贼娃子偷走的。"

铁匠夫妻俩商量来，商量去，最后也没有想出什么好办法。从此之后，铁匠夫妻俩开始吃饭吃不香，睡觉也睡不好。当然了，人们再也听不见铁匠夫妻二人的欢声笑语与快乐的歌声了。富翁对他的那个小妾说："你看，他们不再高兴地说笑，也不再快乐地唱歌了吧！办法就是如此简单。"

现代的社会是一个物欲横流的社会，女人的心中总是充满着各种各样的欲望。"我家房子是否该换一个大点的了？""倘若商品再不能顺利地卖出去，我应当怎么办呢？""我这个月的工资是不是该涨了？什么时候才能将钱拿到手呢？"

这样的想法往往会将人弄得筋疲力尽。人生仅仅是一个过程，是一种经历，我们赤裸裸地来到这个世界，最终也将会赤裸裸地离来。现实生活中大多数东西都是生不带来，死不带去的，因此，不要过分追求权益名利，不要过于重视物质享受，不要经常与人争执，不要有事没事就不停地抱怨。

倘若女人能这样想，那么可能就会明白，人的一生中有很多东西，有很多事情，根本没什么好争执、好抱怨的。在活着的时候，保持一颗淡泊的心，那么，你的生活就会变得更加安然，更加快乐。

赢家并非"争"出来的

你们知道吗？任何事情都不需要争论，只需要将最后的结果给出来就行了。因为赢家不是"争"出来的。

有一句谚语说得好："当你用自己的食指指着他人的时候，不要忘了另外的四个手指正在指着你自己呢。"倘若你不断与别人进行争论，也许有的时候你会取得胜利。但是这种胜利是十分空洞的，因为你永远不可能获得对方的好感。卡耐基曾经说过这样一句话："世界上唯有一种办法能够使辩论获得最大的利益，那便是不要辩论！"

美国波士顿的《临摹杂志》上曾经刊登过这样一首十分有意思的打油诗："这里躺着威廉的尸体，他死了还带着他的'对'——他死的时候认为自己是对的，永远是对的，但是他的死就好像他的错误一样。"当你与他人辩论的时候，你可能是正确的。然而，对于事实而言，你将不会得到任何的东西，你也只不过是嘴上占占上风罢了，并没有将别人心中的观点改

第八章 淡定人生，做一个岁月无痕的美人

变，谬误还是谬误，而真理也仍然是真理。所以，与他人进行争辩，实际上没有一点儿实际的意义。

因此，倘若你想要自己的观点得到对方的认可，那么你就应该表现得谦和一点儿，不要与对方进行争论。你万万不可一上来就向对方宣誓一般地说道："我要向你证明些什么。"那就相当于你说："你没有我聪明，我要将你的想法改变。"

在1981年，王永庆被业内人士叫作"成本屠夫"。为了更好地节省PVC原料的运费，他决定组建一支船队，直接从美国与加拿大将PVC原料二氯乙烷（EDC）运回来。因此，他需要购买一些化学运输船。

那个时候，章永宁担任着中船公司董事长的职务。他知道，公司如果能够将国际著名的台塑的订单拿到手，那么就能够充分地证明中船公司已经有能力承造那些要求非常严格的化学船。于是，章永宁和另外几家名声斐然的造船公司进行相当激烈的竞争。在这几家造船公司竞标的时候，中船公司并不是最低的标价。可是在议价的时候，中船为了将这个订单抢到手，就再次忍痛降低了价格。双方不断地讨价还价，眼瞅着即将成交了，但是，最后王永庆还是想要让中船公司能够去掉价格的零头，也就是再降低50万美元。

章永宁听了之后，有一种欲哭无泪的感觉。中船公司在经历了好几个月的竞价之后，已经将价格压到了赔本的地步，但是王永庆还想继续压价。这个时候，尽管章永宁感到悲愤交加，非常想将王永庆痛斥一顿，但最后还是忍着心中的怒火，非常和气地说道："王董事长，我们仍然是好朋友，这笔买卖，我不做了，因为我不能够对不住我的员工。"令人没有想到的是，王永庆被章永宁的话给感动了，最后仍然决定将造船的订单交给了中船公司。

　　章永宁最后能够得到这个特大订单，最为重要的原因，同时也是首要的原因就是：在整个谈判过程当中，不管王永庆的要求是多么的过分，他始终都没有与之进行争论，从而避免了自己与王永庆发生正面冲突，最终才一举中标的。中船公司也因为这件事情一战成名。

　　著名的诗人波普曾经说过："你在教导别人的时候，应该好像没有那回事儿一样。事情需要在不知不觉的情况下提出来，就好像被人们遗忘了似的。"在争论的过程中，是不会有赢家的。因为倘若你争论失败了，那么你就失败了；倘若你在争论中获胜了，但是你却会失去朋友，如此一来，你仍然达不到自己的目的，因此，你最后还是失败了。

　　有一个在保险公司上班的推销员，曾经先后好几次向一位大客户推销自己公司的保险。然而，不管他如何劝说，甚至可以说都磨破了自己的嘴皮，那位大客户仍然不买账。可是，就在最近一段时间，他得知那位大客户买了另外一家保险公司的保险，而且保险的数额也非常大。这名推销员对此怎么也想不通。这到底是因为什么呢？

　　原来，在这名推销员第一次向客户推销失败的时候，他在离开之前说了一句代表他决心的话："我将来肯定会将你说服的。"而那位大客户则回敬了他一句："年轻人，不要太自以

第八章 淡定人生，做一个岁月无痕的美人

为是了！"就这样，这名推销员永远地与这个大客户无缘了。

每个人都会有好胜之心，倘若我们非得争论出一个胜负成败的话，那么事情最终肯定不会成功。人们都喜欢比较谦和的人。倘若在与别人进行交往的过程中，你能够以一种谦和的态度待人，那么就能够将事情处理得很好。著名科学家伽利略曾经说过："你不能够教导别人什么，你只能帮助别人去发现。"

你想要使自己的意见得到他人的认可吗？不妨认真地学习看一下卡耐基总结出来的八条原则，其中有的原则从上文的案例中，你就能够深刻地体会到，这些原则的具体内容如下。

第一，促使辩论获得最大利益的唯一途径就是避免辩论，因此，你需要将自己的情绪控制好。

第二，尊重他人提出来的意见。万万不能说："你错了。"这样的话，更不要感觉自己有多了不起。

第三，倘若你做错了，那么就应当快速而真诚地承认自己的错误，并且向对方道歉。

第四，在与他人进行交流的过程中，你应该保持友善的态度，并且面带微笑。

第五，应该马上让别人回答："是的，是的。"这是苏格拉底提倡的方法，他先问一些对方肯定会同意的问题，让对方不停地回答："是。"等到对方察觉出来的时候，你们已经得到统一的结论了。

第六，尽可能地让对方多说一些话，而且对于对方的意见要给予肯定。

第七，随时站在对方的角度进行思考，在做出决定的时候，要让对方感觉那是他提出来的主意。

　　第八，要注意倾听，万万不可在对方说话的过程中，随意地打断对方。

不要随便与别人攀比

古语说道:"人比人气死人。"随意的攀比,就是在给自己找不痛快。人的拥有欲是一个无底洞,当你的欲望得不到满足时,就会感到不痛快。因此,你可不能随便与别人进行攀比哦!

在现实生活中,不少人都非常愿意与别人进行比较。在他看来,通过与别人进行比较,能够将事实的根源找出来。但是让人不高兴的并不是人们所追求的事实根源,而是他们之间的比较。

总拿自己和别人进行比较,其实这是一个不好的习惯,因为这样做会使你经常性的发牢骚。俗话说得好"人比人该死,货比货该扔"。所以不能嫉妒别人,要懂得珍惜自己所拥有的。

郝素芳的朋友任志萍刚刚搬到新房子里,所以请她和她老公还有几个同事到她家做客。

看着任志萍的新家,郝素芳心里特不是滋味,因为自己还蜗居在一个小房子里。任志萍的老公在带着他们参观房子的时候,郝素芳的老公除了点头就是呵呵傻笑。

"你就知道笑,你和人家比比!"郝素芳"恨铁不成钢"地小声和老公说道。

郝素芳下意识地拿自己的老公和人家老公比,可答案是自己的老公缺点太多。不比还好,越比越来气,郝素芳越想越生气。

一段时间以后,郝素芳去还任志萍的东西。门正好开着呢,敲门进去后任志萍两口子都在。

任志萍跪在地上正在擦地,可她老公却悠然自得的边喝茶边看电视,时不时地还很不客气地指挥任志萍说道:"看,这儿,还有那儿,都没擦干净,接着擦。"任志萍被指挥得晕头转向。

郝素芳有些看不下去了,就和任志萍老公开玩笑说道:"你怎么不去干这体力活啊,让一个女人干这个?"

令她没想到的是,他却很淡定地说:"哼,房子是我花钱买的,难道收拾家也要我去做吗?"

郝素芳听到他的话大吃一惊。在回去的路上,郝素芳想:"任志萍每个月的工资也不少。她又出钱又得那么卖力地收拾家,还被老公呼来喝去。想到这里她笑了,笑自己竟然去嫉妒这样一个老公。自己家的房子虽然没有那么好,可是一家三口却也开开心心。我经常不想干家务,总是让自己的老公去干洗衣做饭之类的家务,憨厚的老公每次都积极地把所有的家务做好,从来没有说过半个不字。和任志萍比较起来,我呀,才是一个幸福的女人呢。"

这时,郝素芳懂得了一个道理:不能拿自己的东西和别人的比。其实,人们只是看到月亮是明亮美丽的,可他们也许不知道月亮的背面却是黑暗的。

其实每个人都有自己的特性,有的是自己的优点,也有的是自己的缺点。人应该了解自己的优缺点,为什么总是拿自己的缺点去和别人的优点一较高低呢?你只要放正自己,做好自己该做的就行了。

然而,在现实生活中,只要我们留心去观察,你就会看到,人与人比较的现象是随处可见的。

老婆对老公说:"你看对门买上新房子准备要搬家了,和你一起进单位的老王都当部长了""你哥哥又换车了""我妹妹的孩子都找人上重点小学了""你怎么就那么没有用呢?我跟了你就是每天的吃苦受累!"

在单位,总认为自己比别人干得多,但总是在基层徘徊,觉得自己的付出都没有收获。

对明星、球星羡慕嫉妒,认为他们随便唱几首歌、踢几脚球就有大笔的钱拿,而自己受苦受累却刚刚温饱,觉得世道很不公平,心情特别压抑。

每天起早贪黑,努力工作,工资却永远超不过别人,不甘心,更不服气。

看到别人抓住时机,赚了大钱,嫉妒心理又开始有了,心想:"不就是机会比我好吗?要是我,我赚的比他还要多!"

回头想想，这样的攀比，有作用吗？别人有的再多再好，那也是别人的事。人人背后都有难以启齿的苦和累，我们要知道，成功的背后是需要很大的付出和努力，既然人家成功了肯定是在某方面做得比你好！你要是还在嫉妒着，劝你还不如留着时间做点实在的事情呢。

　　羡慕别人拥有的比你多，如果你有能力，那你就应该化羡慕为动力，拼命地去充实自己，争取让自己过得比他们都好。如果自己没有能力，你就不要去想太多，安安稳稳地过好自己的日子。人与人之间的不同，为什么要去为难自己呢？

　　所以，我们每个人都要有一颗平常心。不要总拿自己去和别人做比较。记住，别人的东西再好，那是人家的。只有拿自己和自己的过去比，才能觉得自己在前进，生活才能更美好。

别为难自己，生活才会快乐

人生活在这个世界上，没有必要与自己过不去。凡事都看开一点儿，随意一些，任性一些才能够活得更加潇洒，获得内心的快乐。女人们，无论在什么时候，都别为难自己，这样，你的生活才会快乐。

古时候有一个以打鱼为生的渔夫。他的打鱼技术非常棒，但是他却有一个坏习惯，那就是特别喜欢立誓言，即便所立的誓言是非常不符合实际的，一次又一次的碰壁，他也会将错就错，死也不会回头。

有一年春天，他得知墨鱼在市面上的价格卖得十分高，于是就发誓：这一次出海的时候只打捞墨鱼。但是，在这次出海打鱼的时候，他捞到的全部都是一些螃蟹，所以最终他不得不空着手回来了。

上了岸之后，他才知道，原来，现在市面上价格卖得最高的是螃蟹。因此，渔夫非常后悔，并且又立下誓言：下一次出海打鱼的时候，只打捞螃蟹。

所以，第二次出海的时候，他将所有的注意力全都放在打捞螃蟹上，但是这一次他打捞到的都是墨鱼。没有办法，最后他又空着手回来了。

到了晚上，渔夫躺在自己的床上，为自己的行为后悔不已。于是，他再一次立下誓言：等到下一次出海的时候，不管是捞到螃蟹，还是捞到墨鱼，他都要进行打捞。然而，当他第三次出海的时候，不仅没有捞到墨鱼，而且也没有捞到螃蟹，他捞到的全部都是海蜇。于是，这个渔夫再一次空着手回来了。三次出海，三次空手而归。渔夫还没有来得及第四次出海打鱼，就在自己那些不知所谓的誓言中，由于饥寒交迫去世了。

为自己制定一个高标准，并且为了这个目标不断地进行努力，这本身没有什么错。但是，当这样的高标准给你带来无限痛苦的时候，那就意味着你这是在苛求自己了。为人处世，需要乐观一点儿，看开一点儿，不要总跟自己过不去，这样才能生活得更加潇洒，从而让你的内心感到快乐。

中秋时节，禅院中看起来十分荒芜，地面上稀稀疏疏地长着一些杂草。禅院里的一个老和尚在去集市时候，买回来了一袋子草籽，然后将其交给了一个小和尚说道："你自己选择一个比较好的地方撒种吧。"

小和尚非常高兴地将院子中的那些杂草全部拔掉，然后小心翼翼地将新买来的草籽撒在了他自己看中的一块土地上。看着这些草籽，小和尚的眼前似乎出现一片绿油油的草地，草地上面有很多蜜蜂与蝴蝶在翩翩起舞，漂亮极了……

没有过多长时间，天上刮起了一阵风。

"不好啦，不好啦，师父！我们的草籽都被风给刮跑了！"

"不要慌张，随它去吧。凡是被风刮跑的草籽，都是一些瘪的或者空的，没有什么关系的。"

片刻之后，一群麻雀飞来了。

"不好啦，不好啦，师父！麻雀正在吃咱们的草籽！"

"不要慌张，随它去吧。反正有那么多的草籽，麻雀是不会将它们吃干净的，一定还能够剩下很多的，没有什么关系的。"

不一会儿，天空中下起了大雨。

"这下可真的要完蛋了，师父！师父！大雨将咱们的草籽都冲跑了！"

"不要慌张，随它去吧。大雨将那些草籽冲到那里，它们就会在哪里发芽的，没有什么关系的。"

小和尚被气坏了，憋了一肚子的火没处发，嘴里还小声嘟囔着："我怎么就遇到了这样一个'随它去吧''没有什么关系的'师父呢？"

到了第二年春天，禅院的所有地方竟然都长满了小草，绿油油的，非常好看。这可比小和尚原本想的最好的情况还要好上很多倍呢。小和尚对此感到十分惊奇。

这个时候，老和尚用手轻轻地摸着小和尚的脑袋说道："我早就说过了'随它去吧''没有什么关系的'，我的好徒弟，你看，是不是这样呀？"小和尚非常不好意思地将头低了下来。

倘若小和尚根据自己的想法进行种草的话,最终的结果可能是浪费时间,浪费力气,而且还没有什么好的效果。在人生的旅途中,我们也应当以一种坦然随缘的心态面对一切,不要为难自己,这样才能让自己生活得更加轻松快乐。

某公司有一位经理姓谢,大家都叫他谢经理。公司中很多同事都非常羡慕他,羡慕他能够生活得那么洒脱快乐,对他而言,似乎就没有什么事情是困难的,也没有什么事能够对他的好心情产生影响。

谢经理今年都已经有55岁了,但是仍然是精力充沛,活力四射,看起来就好像是一个不知疲惫的年轻人。不少同事都常常向他请教,他是怎样永葆青春的。他往往会对那些求教的同事说一句话,那就是:"不要为难自己。"

不要为难自己,看似非常简单的一句话,却蕴含着相当多的哲理。你看一看自己周围的朋友们,有的因为自己收入不高而烦心,有的因为自己忙碌而烦心,有的则因为自己买房子而烦心,反正大家总是因为各种原因经常愁颜不展,使得自己原本一颗年轻的心提前苍老了。

在现代这个发展迅速的社会中,有着太多的浮躁与诱惑。为了得到金钱,就以自身的健康作为代价;为了成就婚姻,就以自己的爱情作为代价;为了保全家庭,就以自己的真诚作为代价。

当然了，除了这些之外，有不少东西值得我们去追求，但是不管什么时候，遇到什么事情，都不要为难自己，故意跟自己过不去。我们应该依据自己的想法去做自己想要做的事情，去爱自己想要爱的人，去成就自己想要成就的事业，这样一来，我们的人生才会是快乐的，才不会留下什么遗憾。

该放手的时候，就放手吧

舍得，舍得，有舍才有得。舍是一种智慧，得是一种境界。如果一个人始终背负着自己一生所得，那么即便其拥有钢筋铁骨也会被压倒的。因此，女人要谨记：该放手的时候，就放手吧。

当你遇到不如意的事情或者失去什么东西的时候，你将不得不放弃一些既得的利益。其实，你不用对此太过在意，太过伤心。该放手的时候，就大大方方、爽爽快快地放手，也许等待你的是另一种收获。

比如，原本夫妻二人十分相爱，但由于种种原因，两个人之间的感情已经被磨没了。这个时候，与其痛苦地生活在一起，还不如痛痛快快地离婚。这样一来，虽然你失去了这段婚姻，但是同时你也获得了追求另外一段美好姻缘的机会；原本与你非常亲密的恋人，背叛了你爱上了别人，与其苦苦纠缠，还不如放弃这段恋情。这样一来，虽然你舍弃了一个爱人，但是也应当为现在的及时分手感到庆幸,不需要再浪费以后的时间了。

"舍"与"得"可以说是相辅相成的两个方面,它们都是十分客观且真实地存在着。你不应该总是盯着其中一方面看,而对另一方面视而不见。舍弃与得到肯定会有一个平衡点。你不应该总是因为要放弃什么而感到十分痛苦,因为在舍弃某些东西的时候,你可能会得到另外让你感到惊喜的东西。所以,该放手的时候就放手,坦然面对所遇到的一切磨难与挫折。

如果你总是因为舍弃了什么而悲伤失落,那只能说明你的心胸过于狭窄。当你能够平静地放手时,那么就证明你的心智磨炼到家了。

在现实生活中,我们经常会遇到是舍还是得的选择。我们应该怎样去做呢?不妨先看看下面这个小故事吧。

从前,两个十分贫穷的樵夫,依靠上山捡柴为生。有一天,这两个樵夫在去山上捡柴的时候,非常意外地发现路边有两大包棉花,两个人欣喜若狂。要知道,这棉花价格可是要比柴薪高出好几倍呢。如果能够顺利地将这两包棉花卖掉的话,那么就能够为家人提供一个月的衣食了。于是,两个人各自背了一包棉花,就往回走,准备回家告诉亲人这个好消息。

两个人走着走着,其中一个樵夫眼睛十分锐利,发现在前面的山路上有很大一捆布。等他走近细细一看,这一大捆居然是上等的细麻布,并且有整整十匹之多呢。这个樵夫非常高兴,就提议另外一个樵夫一起将背上的棉花放下,然后背着这些麻布回家。

但是，另外一个樵夫对此却有自己的看法，觉得自己已经背着这些棉花走了相当长的一段路程了，到了这里再将背上的棉花丢掉，那么自己在此之前的辛苦就白费了。所以，这个樵夫说什么也不愿意放弃自己背上的棉花，坚持要背着棉花继续走。那个发现麻布的樵夫看到同伴怎么都不肯听从他的劝说，只能尽自己一切的可能将其中的大部分麻布背到自己的背上，继续向前走。

两个樵夫又走了很长一段路，背着麻布的那个樵夫又远远地望见前面的树林中有什么东西在闪闪发光。等到他走到跟前才发现，地上居然散落着好多坛的黄金，心想：这下可真是要发大财了。于是，他赶紧邀请同伴将背上的棉花扔掉，抱些黄金回家。

但是，他的同伴依旧舍不得放下那些棉花，再次说道："如果我现在将背着这么长时间的棉花给扔了，那么之前的辛苦岂不是白费了。而且你能够保证这些黄金都一定是真的吗？万一这些黄金是假的，那么我们不就白费力气了。所以，我劝你还是别打这些黄金的主意了。免得到头来空欢喜一场。"

于是，发现黄金的那个樵夫不得不自己选了一坛比较多的黄金抱在怀中，与背着棉花的伙伴继续赶路。当他们走到山下的时候，天空突然下起了一场大雨。这路上十分空旷，根本没有躲雨的地方，所以这两个人只能被淋了个透湿。更加糟糕的是，那个背棉花的樵夫背上的一大包棉花，因为吸了非常多的雨水，所以变得相当重，已经让他承受不住了。因此，那个背棉花的樵夫在万般无奈的情况，不得不将自己辛辛苦苦背了一路的棉花给放弃了，最后空着手与那个抱着黄金的樵夫一起回家去了。

这个小故事告诉我们，在这个大千世界中，充满了各种各样的诱惑，如果你不懂得放弃，那么到最后你可能会失去更多。所以该放手的时候就应该放手，该舍弃的时候就应该舍弃。舍得舍得，有舍才有得。"舍"就好像是种子一样撒播出去，转了一大圈之后，就会带着一大群子孙后代回来。"舍"永远在"得"的前面，这个顺序不仅非常重要，不能随意打乱，而且这还是获得幸福的秘诀。但是，在现实生活中，有太多的人忽略了这个最为奇妙的步骤，而是一味地追求"得"，到最后反而是什么也没有得到。

女人们要知道，人的一生中有很多形形色色的十字路口，也正是由于有了这些不同的路口，我们的人生才变得更加变幻莫测，更加绚丽多彩。所以，要想成为一名令人羡慕的成功者，那么到了应该放手的时候，你就应该果断地立即放手，不要再留恋那些已经不属于你的东西。这样一来，你才能通过舍弃来抓住被别人忽视的机遇，从而为实现自己的梦想增加更多的资本。而失败者最为致命的弱点，往往是在该放手的时候，不舍得放手，固执地守着眼前的一切，最终却舍弃了更为长远的目标。

坦然面对你所遇到的一切

真正有价值的人生是选择正确活下去的方式，金钱、名誉或权力，都不是人生中最为重要的东西，那只是过眼烟云，就像海市蜃楼，瞬间就会消失。因此，要坦然面对你所遇到的一切，要知道，淡定的人生不寂寞。

女人们，坦然面对你所遇到的一切，可以让我们变得从容，让我们多一分理智，也为我们幸福的生活添加筹码。人来到这个世界上，就是要经历挫折和风雨，没有谁的人生会如同顺水行舟般一直平安无事。人生免不了要经历磕磕绊绊，沟沟坎坎，甚至是大的挫折和不幸。所以，要想有一个美好的人生，就要学会坦然，学会大度，不要计较得失，同时还要做好应对挫折与不幸的准备。

已故的美国小说家塔金顿说："我可以忍受一切变故，除了失明。"可是人生的不幸却提前降临在他的身上。在他60岁的某一天，当他去捡掉在地上的东西时，却发现地上模糊一片,任凭他怎样努力,但就是看不清地上的东西。这时,他才意识到,自己可能快要失明了。

不过,塔金顿的反应让大家都很惊讶,他坦然地接受了这个事实。在完全失明后,塔金顿说:"虽然我最害怕的事情发生了,但是我还是坦然接受,我还能够自己面对任何状况。"

虽然塔金顿这样说,但他并没有放弃治疗。在一年内,塔金顿四处寻求治疗。为此,他跑遍了美国的各大医院,在几个月内他接受了12次以上的手术。这些手术所采取的都是局部麻醉,塔金顿必须忍受疼痛去做手术,为的只是避免麻醉剂对大脑的刺激。

幸运的是,坚强的塔金顿承受住了,他坦然地接受了发生的一切。塔金顿在治疗期间放弃了私人病房,他和大家住在了一起。他这样做就是想和大家多相处一会,这样就能减少自己的压力了。每当他要去接受手术时,他就会和大家说:"多奇妙啊,科学已进步到连人眼如此精细的器官都能动手术了。"

和塔金顿一样的人在接受12次以上的眼部手术后几乎都崩溃了,但是塔金顿没有,他的坚强让他挺过来了。塔金顿说:"我不愿用快乐的经验来替换这样的体会。"塔金顿因此学会了接受,接受一切,包括美好的与不美好的。他开始相信人的承受能力存在很大的潜能,这种潜能只有在人遇到不幸的时候才能被激发出来。正如约翰·弥尔顿所说的,此次经历让他了解到了"失明并不悲惨,无力容忍失明才是真正悲惨的"。

女人们,坦然是一种心态,是对待人生和生活的态度。这种状态是放松,是宽容,也应该是一种接受现实的积极态度,一种明白、通融、大度的处事风格。坦然地面对生活,我们就会感觉到生活的美。坦然使我们对世间发生的一切更加习以为常，更加理智，也让我们学会了用宽容的胸怀包容一切不幸。

　　与此同时，坦然也是面对人生不幸的最好办法。当人生被阴霾笼罩的时候，学会坦然地面对，不要过分地悲伤，没有什么火焰山是过不去的，总会有天晴的时候。

　　在战国时期，各个诸侯国之间常常相互征战，为了每个人都能够遵守信约，各个国家之间常常把本国的太子送到对方的国家做人质。有一年，魏国与赵国之间签订了一份合约，魏国的君王需要将自己的儿子作为人质送到赵国的邯郸，并且派遣大臣庞葱陪着一起去。

　　庞葱对魏王的脾气非常了解，知道他的耳根子十分软，极有可能会偏听偏信，非常担心自己走了之后，魏国那些与自己不对盘的人会趁着这个机会故意制造一些流言蜚语，以便对他造成伤害。于是，在临走之前，他专门去见了魏王，并且询问道：

　　"倘若现在有一个人向大王报告，说大街上来了一只很凶猛的老虎，您会相信吗？"

　　"我当然不相信了。"魏王这样回答。

　　"倘若第二个人也说大街上来了一只很凶猛的老虎，您会相信吗？"

　　魏王回答："既然两个人这样说了，我应该会半信半疑。"

　　庞葱继续问道："倘若第三个人也向您报告，说大街上来了一只很凶猛的老虎，您会相信吗？"

魏王回答:"既然大家都这样说,我也不得不信了。"

庞葱无限感慨地说道:"大王,大家都知道,老虎是不可能会跑到大街上的。但是,有三个人这样说了,而大街上来了一只凶猛的老虎的事情就被认为是真的了。我觉得,宫里与大街的距离相比,邯郸距离大梁要远很多,我担心以后议论我的人恐怕要远远超过三个,大王,您一定要认真地考查才可以相信。"

魏王点了点头,说道:"寡人知道了,你就放心去吧。"

于是,庞葱在拜别了魏王之后,就跟着太子一起去了赵国。结果果真就像庞葱事先所预料的那样,他刚刚离开没多久,对他进行诽谤的言语就开始接连不断地传入魏王的耳朵中,而魏王最终也让庞葱失望了,很快就相信了那些谣言。等到太子质押期满回到皇宫之后,魏王就再也不愿意与庞葱相见了。对于这件事情,庞葱非常坦然地面对与处理,过着十分自由自在的生活。

正是由于庞葱在流言蜚语还没有产生之前,就已经做好了心理准备,因此,尽管后来魏王在对待他的时候非常不公正,但是他却依旧能够坦然地面对,自在地生活。

在现代这个社会中,很少有人能在遭受流言蜚语的伤害之后仍然坦然地面对与处理。特别是在竞争异常激烈的职场中,你每天与同事们在一起工作,彼此之间难免会发生各种各样的鸡毛蒜皮的不愉快的事情,从而引发了各类冲突与纠纷。倘若大家都忍受不了这些流言蜚语,各自之间因此而相互怨恨起来,那么,你所在的工作环境就会逐渐地变得越来越差,工作效率也会随之不断降低。

　　反之，倘若每个人都能够将自己的全部精力放在工作上，不去故意制造流言蜚语，并且坦然地面对流言蜚语，那么，清者自清，你的人际关系也相对会十分简单，而你的工作效率也会得到大大的提高，从而帮助你创造一个美好的人生。

　　因此，女人们，请坦然一些，面对生活的不幸和得失时，保持一颗清醒的头脑，按照正确的道路走下去，这样你们的生活才会变得更加精彩。

退一步便会海阔天空

女人们都听说过:"退一步海阔天空,让三分心平气和。"这句名言。这就是自古以来一直深受人们推崇的宽容。宽容是人类仁爱的灵魂。

俗话说得好,"有理走遍天下,无理寸步难行"。由此可以看出,你没有理却想要得到大家的肯定,是一件很不容易的事情。但是,如果你得理了,也就是"理"就在你的手里,那么你又会怎么做呢?

在日常工作中,我们常常能看到有的领导在对他人进行批评的时候,颇有一些"得理不让人"的架势,整个人看起来气势汹汹的。可是,那个被批评的人或者一点儿都不买账,并且以更加严厉的言行举止进行反击;或者口服心不服,实际上很不开心,这对于已经发生的事情实在是没有一丁点儿的好处。我们活在世界上,每天都会遇到很多不同的事情,不是每一件事情都会符合自己的心意,"理"很可能在你这一边,然而有

"理"就肯定能使别人退让吗?

1. 让三分,每个人都开心

讲道理属于天经地义的事情,只有"以理服人"才最容易让他人接受。因此,我们每个人都应该讲理。不过,讲道理只不过是一个前提,我们还应当学会让人,在遇到不是什么原则性问题的时候,应当采用委婉的方式进行批评,这样才能使人更加容易接受,从而获得双赢的效果。

在很久以前,一个庙中有两个小和尚,因为一件鸡毛蒜皮的事情而吵得相当厉害,他们谁也不愿意退让,但是吵来吵去却怎么也吵不出一个结果。

于是,第一个小和尚就非常生气地离开了,找他们的师父去评理。师父非常耐心地听完了第一个小和尚的叙述之后,极其严肃地对他说"你说的是正确的!"于是,第一个小和尚十分满意地离开,去找第二个小和尚炫耀去了。对此,第二个小和尚一点儿也不服气,于是,也跑到他们师傅那里,让师傅给评理。师傅认真地听完了他的叙述之后,也极其严肃地对他说道:"你说的是正确的!"

等到第二个小和尚也心满意足地离开之后,一直跟着师父的第三个小和尚对于师傅的做法感到十分迷惑,于是就询问师父,说道:"师父,您在平常的时候,不总是教导我们做人要诚实吗?那么,您怎么能够违背自己的良心说谎话呢?您刚刚对于两位师兄的做法都表示认可,说他们说的都对,这难道不是与您平常的教导不相符吗?"师父听了第三个小和尚的话之后,不仅没有一丝一毫的生气,而且还微笑着说道:"你说的是正确的！"这个时候，第三个小和尚才如醍醐灌顶，瞬间明白了一切。于是，他立即向师傅拜谢，感谢师父对自己的教诲。

实际上，如果站在每个人的立场来看，他们每个人都是正确的。只是由于他们每个人都在坚持自己的意见或者想法，没有办法做到将心比心，站在对方的角度去思考问题，所以他们之间才会发生冲突和争执，这是难以避免的事情。倘若我们都能够给予他人充分的理解，不管什么事情都以"你说的是正确的"先站在别人的角度来考虑问题，那么，就可以避免很多没有必要的冲突和争执了。

所以，不管遇到什么事情都一定要争个是非对错的做法并不是可取的，有的时候，太过于较真还可能会给自己带来很多不必要的麻烦或者危害。举个例子来说，当你被他人误会或者受到他人责骂的时候，这个时候，倘若你一定要反反复复地对其进行解释或者还击，其最终的结果极有可能是越描越黑，事情也会被闹得越来越大。其实，这时最佳的解决方案应该是，努力地将自己的心胸放宽一点儿，对于那些没必要去理会的东西，适当地装一装糊涂，睁只眼闭只眼，这样一来，事情可能反而会向着对你有利的方向去发展。

2. 学会克制自己

在为人处世时候，我们不应该将与人交谈的过程，视为一场必须要争出胜负的辩论赛。在单位中与他人相处的时候，应当友善一点儿，说话态度应该和气一点儿，即便你们之间存在一定的级别，也不可以用命令的口气和他人说话。如果是一些原则性并非特别强的事情，你根本没有任何的必要，一定要与他人争个你死我活。

倘若你是一个"得理不饶人"的人,那么当你在和同事沟通与交流的时候,必须要学会对自己进行克制,不要总是想着自己能够在嘴巴上占了别人的便宜。不然的话,久而久之,大家就会慢慢疏远你。

倘若你总是喜欢说他人的笑话,在他人面前讨便宜,那么就应该告诉自己这只不过是一个笑话,即便以自己吃亏而结束也没有什么大不了的;倘若你特别喜欢与他人辩论,不管是国家大事也好,还是日常生活的小事也罢,可以滔滔不绝地与他人进行讨论,但是你应该告诉自己没有必要非得将对方打败才是最棒的;对于原本就争辩不清楚的问题,就不要非争辩出一个水落石出了。

有句俗话说得好,"一桶水不响,半桶水晃荡;人外有人,天外有天",这就说明我们在面对人生的时候,需要采用一种十分谦逊的态度。

在现代社会中,有很多矛盾与冲突都是因为一方或双方"得理不饶人"或者纠缠不清,非得将原本一件非常小的事情闹大,一定要争出一个是非胜败,最终的结果就是让矛盾与冲突变得越来越大,事情也随之变得越来越僵。

其实,这个时候,我们应当认真学习一下"难得糊涂"的心态,在那些无所谓的小事上面,不需要那样清楚明白,对自己的言行举止多加注意,必要时就适当地让自己糊涂一些,即便得了理也需要让三分,用一颗宽容的心来对待他人。只有这样,你才更容易得到他人的认可与欣赏,从而让你的成功之路走得更加顺畅。

第八章 淡定人生，做一个岁月无痕的美人

肯吃亏，是一种福气

佛曰："人吃亏，人常在。"意思是说，在日常的生活中，吃点小亏，未必就是坏事。你很可能在其中找到帮助别人的快乐，获得心灵上的宁静。

生活在这个世界上的每个人都希望自己能够拥有一个良好的人际关系，都希望自己可以与别人相处得十分融洽，做到相互沟通，相互帮助。拥有良好人际关系的人，人们就会说这个人的人缘好。而人缘好是安全感的重要来源，是为人处世的一个基础。

有的时候，一个温暖的笑脸，一束美丽的鲜花，一句真诚的问候，一声诚挚的赞叹，一次小小的帮助，都能够为你赢得一个好人缘。而这一切很多时候都需要以一种肯吃亏的精神作为基础。

在与他人进行相处的过程中，我们不仅不能贪利，不能贪功，也不能贪名，而且还应该将利让出来，将功让出来，将名也让出来。因为你退让一分,就会有一分受益;你吃一分亏,就会积一分福。反过来讲,倘若你存一分骄纵,就会多一分羞辱;占一分便宜,就会惹一分灾难。当你的事业遭遇失败的时候,你应该将所有的失误归咎于自己;当你取得一定成就的时候,你应该将其中的功劳让给别人。

老子曾经说过这样一句话:"功成而不居。"我们不但在成功的时候应该让"功";在对待利益的时候应该让"利";在对待名誉的时候应该让"名";在对待"善"的时候应该让"善";在对待"得"的时候也应该让"得"。将所有的坏处都归于自己,而将所有的好处都归于别人。这样一来,别人得到了"名",而你却得到了这个人信任;别人得到了"利",而你却得到了这个人的心。如果将这二者进行比较,那么你觉得哪一个轻哪一个重呢?聪明人一看就明白其中的真谛了。

在现实生活中,有些人为人缺乏广阔的胸襟,做事很不厚道,总是感觉大家都亏欠他的,所有人都应该对他进行付出。于是,很多时候为了减少一些不必要的麻烦就被迫为这些人打开了绿灯,让他们占到了一些小便宜。然而,这种类型的人最后也只能是利用别人的宽广胸怀、不好意思或者不屑与之相争而占对方一些小便宜,他们是绝对成不了什么大事的。

现在,我们一起来看一个关于"荷包蛋"的小故事吧:

从前,有一个父亲为自己与儿子做了荷包蛋面条。他总共做了三次,每次都是做两碗,而且每次都是一碗中蛋卧在面条上面,另外一碗中面条上没有蛋。

第一次,当父亲将两碗面端上来的时候,儿子抢先吃了面条上面有蛋的那碗,最后却发现父亲的那一碗中居然藏着两个鸡蛋。

第二次,当父亲将两碗面端上来的时候,儿子抢先吃了面条上面没有蛋的那碗,而结果却是父亲的那碗面条中仍然是有两个蛋。

第三次,当父亲将两碗面端上来的时候,儿子学会了谦让,让父亲先挑,最后他发现自己的碗中也有两个荷包蛋。

现实生活中正是如此,不想占别人便宜的人,生活往往也不会亏待他!当我们还在不断地劝说别人"肯吃亏才能占到便宜"的时候,当我们还在对于别人喜欢占小便宜进行嘲笑的时候,我们从来就没有想过,实际上自己也是这样的人。当散发着致命诱惑的金钱、权力等向你扑过来的时候,倘若你只是将短期的利益看在眼中,而忽视了更加长远的目标的话,那么你就会掉进生活给你设置的陷阱中。从父亲与儿子吃荷包蛋面条这个小故事中,我们将其中的荷包蛋看作眼前的利益,倘若你只能够看到眼前的那个蛋,而没有进行更为长远的思考,那么你极有可能是占不到便宜;而倘若你不仅仅为了眼前那么一点儿利益的话,那么最后的结果可能会让你收获意想不到的惊喜。

另外,还有一个与父亲和儿子吃荷包蛋面条十分相似的故事:

"在炎炎夏日,父亲用刀子切开了一个小西瓜,总共切了三块:两块小的,一块大的。儿子先将最大块的西瓜抢到了手,开始吃了起来。与此同时,父亲拿起其中的一小块西瓜开始吃。由于儿子吃的那块西瓜十分大,父亲已经将自己手中的那一小块西瓜吃完了,而儿子手中的西瓜还没有吃完。于是,父亲就将另外一块西瓜拿了起来,开始吃……"

唐朝著名的诗人柳宗元曾经在他的诗中写过这样一句话:"廉不贪,直不倚。"倘若你能够坚守自己的目标,放宽自己的眼界,不被眼前的利益诱惑,肯做一些看似吃亏的事,那么你才不会被世俗羁绊,才能更加快速地奔向成功的天堂。因此,不管在什么时候,做什么事情,我们都应该牢记一句至理名言:"肯吃亏才能占到大便宜!"

第九章 破茧而出,你就是最好的作品

想要破茧而出,成为最美的蝴蝶,你必须掌握一定的技巧,尤其是当你自己的力量还不足以冲破樊笼获得成功时,这些技巧就显得尤为重要。首先,你必须懂得放松,低配你的人生;明白世上没有绝对的幸福,也没有绝对的不幸;理解总是走别人的路,就不可能走出自己的路……

懂得放松，请低配你的人生

忙碌而富有压力的生活固然使人充实，但若不懂得放松，久而久之，就会心态失衡，产生各种消极情绪，甚至开始随波逐流，得过且过。因此，要学会放松，低配自己的人生。

"你是什么样的人，就会遇上什么样的人；你是什么样的人，就会选择什么样的人。你经常挂在嘴边的人生，其实就是你自己的人生。人总是非常容易被自己所说出来的话催眠。我多么害怕你总是将很多抱怨挂在嘴边，因为那将会成为你所有的人生。"这是××杂志上曾刊登过的一段话。的确，正如爱默生所说的那样"人就是自己每天想的那样"，不然，人怎么可能会变成其他样子呢？

如果你每天都感到悲伤，想的都是悲伤的事情，那即便有一些令人兴奋的事情摆在面前，你也很难去注意它并调整自己的思想；如果你整天想着邪恶的事情，那势必会导致心神不宁，在解决问题的时候，就容易往那些极端和邪恶的方向靠，自然无法收获快乐。因此，在人生的道路上，只有懂得放轻松些，生活才能真正轻松。

戴尔·卡耐基的朋友罗威尔·托马斯曾经告诉他，只要有好的心态，人生完全可以一边面临着重大的困境，一边微笑着在衣襟上插一朵花，潇洒地走过闹市。而事实上，罗威尔也是这样做的。

十几年前，他们都还年轻，充满理想。那个时候，戴尔·卡耐基正协助罗威尔拍摄一部以艾伦贝和劳伦斯在第一次世界大战中的生活为背景的电影，其间会真实地记录劳伦斯和他带领的那支阿拉伯军队以及艾伦贝征服圣地的经过。在影片中，会穿插进罗威尔自己的一篇著名演讲，名叫《巴基斯坦的艾伦贝和阿拉伯的劳伦斯》，因为涉及的东西很多，这部影片在全世界引起了轩然大波。

罗威尔非常看好这部影片，他用尽方法，说服了卡文花园皇家歌剧院的老板，将伦敦的歌剧节推迟6周，为的就是放映这部惊艳的电影。事实证明，罗威尔是正确的，该片在伦敦取得了巨大成功。

之后的罗威尔决定暂时放下忙碌的工作，到世界各地旅行一番。在此后的3年中，他们再未见面。当罗威尔回到伦敦的时候，急忙找到戴尔·卡耐基，兴奋地告诉他，自己已经完全调整好了状态，这次他决定拍摄一部关于印度和阿富汗生活的纪录片。正当罗威尔忙不迭地为拍摄做准备的时候，厄运袭来，他因为投资不慎而破产了。这也意味着，他不能再为新的影片投资，而在找不到合适的投资人的情况下，他的梦想即将被搁置。

戴尔·卡耐基清楚地记得,在罗威尔落难之后,他们时常聚在一起,因为生活窘迫,在伦敦的寒风中,他们只能蜷缩在脏兮兮的小饭馆里吃廉价的食物,这还得益于一位画家朋友的资助,要不然,他们可能连晚饭都吃不上。

更可怕的不是赔进所有的钱,而是增加了额外的债务。相比较罗威尔,戴尔·卡耐基甚至觉得自己是幸运的,虽然当时一文不名,收入微薄,但至少他不用每个月发愁如何去还那些巨额的贷款。

罗威尔很重视这些问题,但戴尔·卡耐基没有从他脸上看到任何忧虑,他告诉戴尔·卡耐基,如果他自己再垂头丧气的话,就真的可能一蹶不振了,尤其在面对那些债权人的时候,他不想如此灰头土脸。

因此他每天出门前,都会在衣襟上插一朵鲜花,然后昂首挺胸地走出去。在他看来,轻松是非常必要的,生活有进有退,不能在顺遂的时候就活得光鲜亮丽,在倒霉的时候,就垂头丧气。

如果轻松地去面对问题,那问题也会相对变得轻松。"我的确想不出,每天愁云密布,对我的现状会有什么帮助?"罗威尔告诉戴尔·卡耐基说。

事实证明,他是对的。生活让他跌到谷底之后,又给了他新的希望。因为站得太低了,他根本没有再失败、再倒霉的可能性,前面的,只会是上坡路,虽然走得很艰难,但戴尔·卡耐基和罗威尔都知道,上坡路意味着更好的生活。

后来,戴尔·卡耐基在自己所奋斗的领域有了一些成就,

第九章 破茧而出，你就是最好的作品

而罗威尔也早已走出谷底，成了一名影视公司的老板。他每天出门的时候，依然会在衣襟上别一朵鲜花，他看着鲜花微笑，努力地把生活过轻松。

在某一次接受采访的时候，对面的记者问戴尔·卡耐基："卡耐基先生，你觉得自己经常面临的问题是什么？"

戴尔·卡耐基认为，这个问题我们大多数人的回答都是一样，那就是压力。来自各方面的不可逃避的压力，是人们必须面对的。而在这其中，懂得放轻松的人，才是会生活的人。因为他知道，什么时候需要用一点儿紧张来逼迫自己，什么时候需要用放松来找回自己，就如同鸟儿知道什么时候该张开翅膀努力飞翔，而什么时候该回到温暖的巢穴栖息一样。

相信大家都面临着或大或小的压力，有工作的觉得工作是压力，不出去上班的觉得生活也很有压力，事实上每个人都会觉得累，甚至觉得每天都生活在疲劳之中。

戴尔·卡耐基的学生罗伊斯女士就曾对他说："戴尔，我真的说不清楚生活对我来说意味着什么，我只觉得每天都处于疲劳之中。工作压力那么大已经让我不堪重负了，但我到回家，还要照顾我的丈夫和3个调皮的孩子，我觉得没有一分钟是轻松的，更谈不上什么快乐。"

于是，戴尔·卡耐基问她："你每天都能保证7个甚至8个小时的睡眠时间吗？你为什么会感到疲劳呢？"

她苦笑着回答："即便我每天都能睡8个小时，但那短短的时间根本无法缓解我承担的压力！"

听了她的回答，戴尔·卡耐基很确定地相信，她实际上对"疲劳"这个概念并没有一个正确的认识。

为了了解"疲劳"，戴尔·卡耐基曾咨询过几位医生朋友和研究心理学的朋友，最后得出的结论大概一致。从产生疲劳的原因上看，有四个方面，比如很极端的情绪、忧虑的心情、紧张的肌肉和生理上的消耗。也就是说，我们的身体的确会产生疲劳，但并不是每个人的疲劳都来源于生理上的消耗。很多女人都和罗伊斯一样，错把疲倦的状态，当成了身体的疲劳。

精神病理学家唐纳德教授告诉我们："无论你是否承认，那些健康状况良好的脑力工作者其实从病理学上来说，是根本不会疲倦的。如果他们真的感到疲倦，那就一定是由于自身的心理因素所导致的，或者也可以说是情绪因素。"

如此看来，真相是，在所有感到疲劳的人群中，真正属于身体疲劳的人很少，大部分都是精神层面的疲劳。就像罗伊斯后来坦白的那样，"说实话，戴尔，我也觉得每天之所以那么累，实际上来源于我的忧虑和烦躁。我对自己的工作状态不满意，对丈夫的懒惰、孩子的顽皮都不满意，所以我感到很不开心，基本每天都头疼。"

你们是否也遇到和罗伊斯一样的境况呢？如果有，现在最需要做的事情就是放松自己。只有真正放轻松了，才能有效地解决疲劳这个问题。

在现实生活中，总会有这样或者那样不如意之事，但是，如果因为这些不顺心的事情而将自己弄得非常疲劳，非常悲惨，似乎是相当不值得的。事情都具有两面性，有不好的一面，自然就会有好的一面；事业的高山上有高峰，自然也会有低谷；人的脚步会向前走，自然也会向后退，不需要时时刻刻都那样紧张，放轻松一点儿，能够更加坦然面对生活赋予我们的种种。

世上无绝对的幸福，也没有绝对的不幸

在现实生活中，有很多女人都觉得自己不幸福，总是不断地抱怨，觉得上天对于自己太不公平了。其实，世界上没有绝对的幸福，也没有绝对的不幸，而是否幸运完全取决于我们自己，我们不应当有任何的抱怨。

作为女人，在生命的长河中，我们难免经历一些困难，正如我们经历许多快乐一样。世界上没有绝对的不幸，这要看我们如何面对，如果拥有积极的心态，我们就可以把它变成我们成长过程中宝贵的经历。因此，面对困难，我们要有足够的信心，努力地摆脱生活中的困难。有时候，正是因为我们经历过不幸，才会深刻体会到幸福给我们带来的甜美。

有这样一个故事：

一个很有钱的富翁，凡是用钱可以买来的东西，他都要买下来进行享受。然而，他却觉得自己一点也不幸福快乐，他非

第九章 破茧而出，你就是最好的作品

常困惑。

一天，他突然产生了一个新奇的想法，把家里一切值钱的黄金珠宝、贵重物品统统装入一个很大的袋子里面，然后开始去旅行。他做出了一个决定：只要谁能够将幸福的秘方告诉他，他就把袋子中所有的东西都送给他。

富翁寻找了很长时间，有一天，他来到一个面积不大的村庄。当地的村民对他说："你最好去见一见我们这里的智者。"他怀着万分激动的心情来到了智者的家中，对正在打瞌睡的智者说道："这个袋子中装着我这一辈子积累的财产，只要你能够将幸福的秘方告诉我，我就将这个袋子送给你。"

这个时候，天已经很黑了，夜幕早已经降临了，智者顿时睁开眼睛，抓住了富翁手上的袋子就朝外跑去。富翁大急，立刻追了出去。但是，他毕竟不是本地人，没多长时间就跟丢了。富翁十分懊悔道："我被骗了，这是我一生的心血啊！"

不一会儿，智者拿着袋子走回到富翁面前，富翁看见失而复得的袋子，立刻抱在怀中直说："太好了"。

智者问他："你现在觉得幸福吗？""幸福，我觉得自己太幸福了。"富翁答道。

智者说："其实这并不是什么特别的方法，只是人们对于自己所拥有的一切太过于视为理所当然了，所以常常感觉不到幸福的存在，而一旦失去，才体会到幸福原来就在自己身边。"

所以，幸福与不幸都不是绝对的。当悲剧降临的时候，整个世界好像停下来，不再前进了，我们的悲剧仿佛会一直持续

下去；然而，倘若我们能够战胜悲哀，继续前行，只要对那些快乐的往事进行回忆，我们就能够感觉到幸福一定会到来的，从而代替我们心中的悲痛。不幸也并不完全就是糟糕的事情，它也可以变成一种动力，督促我们立即展开行动，提高我们的素质，促使我们的智慧变得更加敏锐，从而使我们最终从困难的处境中摆脱出来。

1858年，一个美丽的女孩儿诞生在希腊的一个富豪人家，然而因为一场事故，女孩丧失了走路的能力。医生说只要能坚持做康复，还是有重新站立的可能。然而，女孩沉浸在不幸的痛苦中没有尝试的勇气。

一次，女孩儿的家人带着她一起坐着船出去旅行散心。船长的太太对女孩说，船长养着一只天堂鸟，非常漂亮。女孩听了之后，十分想去亲自看看，就拜托自己的家人去找船长。片刻之后，女孩实在耐不住性子继续等待了，她就向船上的服务生提出要求，马上带她去看一看船长的天堂鸟。可是，那个服务生并不清楚女孩是不能走路的，就带着她一同去看船长的天堂鸟了。

就在此时，奇迹发生了，女孩由于内心的过度渴望，居然忘记了要拉着服务生的手，自己缓缓地走了起来。从此，女孩终于可以重新站立。这件事让她懂得了，没有什么不幸是绝对的，只要有勇气去面对。从此，女孩变得非常坚强，做事情很有毅力。女孩长大后，非常热爱文学事业，她在文学创作中忘我地工作着，最后成了首位获得诺贝尔文学奖荣誉的女皇。她便是塞尔玛·拉格洛芙。

所以，在困难面前，只要我们拥有永不屈服的精神，那么我们就有机会获取成功。如果我们在刚开始的时候就被困难打败了，那么我们的人生就会是一个令人叹息的悲剧。

女人们，面对困难时，我们不要抱怨。命运是公平的，它在向我们关闭一扇门的同时，又为我们打开了另一扇窗。世上的痛苦往往可以相互转化，任何不幸、失败与损失，都有可能成为我们有利的因素。

聪慧的女人知道，人生的圆满并非乏味、平淡的幸福，而是要勇敢地面对一切不幸，"不幸"能够将隐藏在我们内心的潜能激发出来。倘若不是形势所迫，需要我们善加利用身体中的潜能，那么，这巨大的能量很有可能将会永远被埋藏在我们的身体中而得不到释放。

生活之中遇到困难是在所难免的，关键是我们要做好充分的准备，来迎接困难和挑战。倘若你在生活中遭遇了不幸，那么就尝试着勇敢地去面对，唯有这样的你才能够信心十足地去迎接美好的明天。

你完全可以将劣势转变为优势

在现实的社会中，我们每个人都不是完美无缺的，有些女人总是因为身上的些许弱点或者缺陷而陷入痛苦的深渊中。其实，只要你能够积极乐观地面对，充分地将真实而生动的自己展示出来，就能够获得成功的人生。

曾经有学者通过研究得出了著名的"鲨鱼效应"。研究表明，生活在大海中的鱼需要借助鳔才可以自由自在地进行沉浮，可是缺乏鱼鳔的鲨鱼，为了避免自己沉下去就必须不断地游动，时间久了，它们身上的肌肉变得越发强壮，它们的体形也变得越发大了，最后成了"海洋霸主"。

现实生活中也是如此，如果我们能善加利用，劣势也会转化成我们无敌的优势。

一个年龄仅仅只有10岁的美国小男孩，名字叫作里维，他十分迷恋柔道，然而一次车祸使他丧失了左臂，但是他不甘心

第九章 破茧而出，你就是最好的作品

就此放弃柔道的学习。后来，他找到了日本柔道大师，并且成为其弟子。原本他的身体基础很好，但是，已经练了3个月，师傅却仅仅教了他一招，这让里维有些不能理解。

有一天，他实在忍不下去了，就向师傅询问："师傅，我是否应当再学习一下别的招数？"师傅给出的回答是："是的，你确实只学会了一招，但是你只需要将这一招学会就行了。"

那个时候，里维并不能明白师傅的意思，但是他对师傅十分信任，于是就继续按照师傅的吩咐练习下去。转眼，几个月过去了，师傅首次带着里维前去参加比赛。就连里维本人都想不到自己竟然会如此轻松地将前两轮比赛赢了。到了第三轮的时候，他觉得稍微有些困难，但是对手没多久就变得十分急躁，连续发出进攻，里维十分敏捷地将自己的那一招施展出来，结果，他又取得了胜利。就这样，里维成功地进入了决赛。

与里维相比，决赛的对手长得更加高大，更加强壮，并且也更有比赛的经验，这让里维感觉有些招架不住。裁判担忧里维会被对手打伤，就喊了暂停，并且准备就这样结束比赛，但是，师傅表示反对，并且坚持要求：将比赛进行到底！

于是，比赛又重新开始了。对手觉得自己可以十拿九稳地打败里维，就放松了警惕。里维马上将他的那一招使了出来，没多久就将对手制服了，由此这场比赛结束了，里维如愿以偿地摘取了冠军的桂冠。

回家的路上，里维鼓起勇气问师傅说："师傅，我为什么凭一招就能赢得冠军？"师傅答道："原因有两个：第一，你

几乎完全掌握了柔道中最难的一招；第二，据我所知，对付这一招唯一的办法就是对手抓住你的左臂。"

失去左臂本是里维的一个遗憾，然而在柔道比赛中，里维最大的劣势却转变成了他最大的优势。因此，面对自身的弱点或者缺陷，我们千万不能轻易地选择放弃。只要坚定地相信自己可以战胜困难，生活就会给我们很好的回报。消极悲观的情绪会让人在前行的道路上与目标偏离，从而降低抵达成功的速度；如果一个人只是一个劲儿地沉浸在失败的痛苦中无法自拔，对什么都失去兴趣，对什么都丧失信心，逐渐地与多彩多姿的生活隔绝，慢慢地与人们疏远，从而将自己困在一个孤独的城堡中。相反，如果可以正视自身的弱点，并且能够做到扬长避短，那么才能够成为最后的大赢家。

周信芳是一位十分有名的京剧表演艺术家，同时也是麟派艺术的创始人。在他的表演艺术逐渐趋向成熟、一天天完美的时候，糟糕的事情发生了：他的嗓子哑了。这对于一个以唱功为主的须生演员而言，这无疑是一个致命的打击。因为这个原因，有些人被迫转行或者凭借耍花腔进行遮丑。

但是，周信芳并没有因此而轻易气馁，也没有选择耍花腔的取巧方式，而是下定决心开辟出一条全新的路来。他十分冷静地对自己的嗓音条件进行了分析，在经过慎重的思考之后，决心在唱腔上追求气势，学习"黄钟大吕之音"。

为此，他首先在练气上花费了大量的功夫，实现了发声气足而洪亮，咬文喷口有力的效果；又在体味角色的思想感情方面特别努力，将人物的性格与气质确切地表现了出来。经过长时间的钻研与探索，周信芳不但没有受到"嗓子哑了"的限制，反而形成了苍劲有力、韵味十足的特色，创造出了与众不同的麟派艺术，受到了众人的喜爱。

由此可以看出，倘若我们可以擅长将以自己的缺点作为基础，努力地进行修缮，那么就能够做到扬长避短。

托尔斯泰说过这样的话："大多数人想改造这个世界，但却极少有人想改造自己。"如果一个女人能够自己改变自己，就将意味着理智的胜利。能够改变、完善并且将自己征服的人，就有力量战胜所有的挫折、痛苦以及不幸。如果我们想要收获喜人的成功，活得潇洒而快乐，首先要做的就是读懂失败与痛苦。

一个取得成功的女人的聪明之处就在于，她擅长通过历史、现实以及他人对自己进行剖析、调整与完善。因此，亲爱的女性朋友们，别再觉得自己就是一个不起眼的弱者了，要勇敢地向自己的弱点或者缺陷发出挑战，努力地改正自己身上的问题，让自己变成一个魅力无穷的女人。

光走别人的路，如何走出自己的路

我们常常会有"模仿成功人士"就能"复制成功模式"的自我安慰心理，因此大街小巷往往流传着这类名人小故事：比尔·盖茨半路弃学经商；李嘉诚白手起家，抓住机遇，迅速致富……然而，成功是不能复制的，一味地走别人的路，就会将自己的路堵死。

在美国的好莱坞，有很多人都是通过模仿某个明星而获得了成名机会。于是，一时之间，模仿名人的风气大肆盛行。毫无疑问，在成名的道路上，模仿巨星是一条最快的捷径。但是，问题也会随之而来。有一个巨星是璀璨的，有10个相似的巨星却怎么看怎么别扭。时间长了，人们就只认可正牌的巨星了，而这些模仿者也会变成很多观众眼前的过客。

好莱坞著名导演萨姆·伍德曾经说："现在最令我头疼的问题是如何帮助年轻的演员改掉模仿的习惯，让他们走出自己的风格。因为现在的年轻人都只想成为二流的拉娜·特纳或者三流的克拉克·盖博，他们却不想成为一流的自己。因为这样太耗时了。然而，观众对某个特定的风格早已经腻了，他们需要新鲜感的刺激。一味尝试走别人的路，最终只会赔上自己的星途。"

坚持自我的问题是我一直强调的问题。基尔凯医生曾经指出，很多精神障碍、精神疾病及心理疾病的病因都是因为患者不愿意坚持自我，不愿意遵从自己内心最真实的声音，一味模仿别人，追随主流，最终自己都看不起自己从而产生精神和心理方面的疾病。从个人的心理健康方面来看，坚持自我有很积极的意义。

戴尔·卡耐基曾经与朋友保罗探讨过这个问题。保罗是一家石油公司的人事主任。在面试这方面，他颇有心得。他面试超过6000人次，还曾出版过一本名为《求职六招式》的书。他对戴尔·卡耐基说，人们在求职的时候犯下最雷同的错误就是一味把自以为面试官最想听到的东西讲出来，从而忘记表现出最真实的自我。

"戴尔，你知道吗？如果一整天下来，我面试的人都跟我说自己是如何努力工作，如何喜欢加班，不介意从低做起，等等，我会觉得很压抑，也觉得他们很虚伪。"的确，一味地隐藏真实的自己是无法打动别人的，更不可能为自己求来任何一个机会。

一位对男士不够真诚，不够坦诚，没有表现出真实个性的女人是无法获得真正的爱情，更无法获得令人满意的婚姻的。因为每个人都只能"装"一时，无法"装"一辈子。当在另外一半面前露出本我的时候，对方就会因为落差而感到沮丧从而影响爱情和婚姻的品质。如果你一味地隐藏自己，将自己隐藏一辈子，那么辛苦，最终连自己也不喜欢自己，又有什么意义呢？

每个人生来都是独一无二的。不管你长相美艳，还是容貌普通，你都是浩瀚的宇宙中的一个特别。如果你把自己当成一流的人，那么你必定会成为最棒的自己。相反，如果你一直在模仿别人，那么你终究成为不了别人，最多只能成为二三流的人。

从密苏里州的玉米田来到繁华的纽约时，戴尔·卡耐基想报考的是美国戏剧学院。他希望自己能成为一名演员，认为这是通往成功的捷径。于是，他仔细琢磨当时几位当红的演员并把他们身上的优点全部都放在自己身上。当时，他还为自己的聪明暗暗窃喜。其实，这样的做法是非常傻的，他浪费了好几年的时间在模仿别人上，最后才发现自己把他们每个人都学得不怎么像。

如此悲惨的经验本该让他回心转意。可是，他却没能吸取教训。几年后，他为了写一本有关演讲的商业书，又借用了其他知名作者的观念，编成了一本书。最后，他再次发现自己犯了非常愚蠢的错误，把别人的文章拼凑在自己的书里，反而变成了一本理念多而杂、不成派系的商业书。结果可想而知，他把这本辛辛苦苦拼凑了一年的书交到各位书商手里却没有一个人对它感兴趣，最后的结果就是把这本书扔进垃圾桶里。

这一次，他对自己说："你就是戴尔·卡耐基。你必须凭自己的能力来开创未来，让自己成为一个品牌。"从此，他放

第九章 破茧而出，你就是最好的作品

弃模仿别人的念头，放弃拼凑别人的做法，把自己真实的演讲经历写成一本像公开课的书。当时，此类书籍在市场上几乎是零。所以，他成功地按照自己的想法打造出了一个品牌。

　　无论你是个什么样的人，永远都不要放弃自己，更不要愚蠢到去模仿别人。麦当娜虽迷人，但是你自身的条件未必适合去模仿她，而你心仪的另一半也未必喜欢像麦当娜一样的女人。

　　因此，无论你的心中有多少位偶像，也不管你多么羡慕别人的生活，你都必须记住：你再怎么模仿别人，也不可能变成别人，反而会让自己的心理负担有所增加。反之，倘若你静下心来好好地想一下自己对什么最在行，选择一条最适合自己的路，并且坚定不移地走下去，那么最终你就能如愿以偿地过上自己想要的生活。

有了想法，才可能会有地位

我们不得不承认，由于出生背景、接受教育程度等各个方面的原因，我们每个人的起点可能或多或少地存在一些差别。然而，起点高的人并非一定能够将这个高起点作为平台，然后走向更好的位置。起点比较低也不用太担心，因为一个人的心界决定这个人的世界，有想法的人，才可能会有地位。

战国时期的著作《庄子》的开篇文章就是"小大之辩"。讲的是在北方有一个很大的海，在这个大海中有一条名字叫作"鲲"的大鱼，其宽度为几千里，没有一个人知道它到底有多长。还有一只很大的鸟，名字叫作"鹏"。这只大鸟的背就好像泰山一样雄伟，翅膀就好像天边的云一样。当它飞起来的时候，乘着风直接可以飞到九万里的高空中，超绝云气，背负青天，向南海飞去。这个时候，蝉与斑鸠对它们讥笑道："我们想要飞的时候就可以飞，遇到松树、檀树的时候，就可以停在树上边；有的时候，力气不够了，我们不能飞到树上的时候，

第九章 破茧而出，你就是最好的作品

就可以落到地上，为什么一定要飞到九万里的高空呢？又为什么一定要飞往十分遥远的南海呢？"

　　普通人往往不能理解那些怀揣伟大理想的人，这就好像目光十分短浅的麻雀没有办法去理解大鹏鸟的鸿鹄之志一样，更想象不出来大鹏鸟依靠什么飞向那非常遥远的南海。所以，像大鹏鸟那样的人肯定要忍受比普通人多很多的挫折与磨难，忍受着来自心灵的孤独与寂寞。他们更要坚强一些，将那种坚强悄悄地注入自己宏伟而远大的志向中，这才成就了异常坚强的信念，而由坚强信念熔铸形成的梦想将会带给他们一颗十分伟大的心灵。成功人士之所以能取得骄人的成就，正是归功于这种伟大的心灵，特别是那些起点比较低的人，更需要一颗期盼成功的进取心，并且为之不懈地奋斗，最终才能够将成功大门的"金钥匙"抱回家。

　　拥有"打工皇后"之称的吴士宏是跨国信息产业公司中国区总经理中第一个内地人，是一个做出了这样高的业绩的女性。吴士宏的传奇之处就在于她的起点比较低——她仅仅具有初中文凭与成人高考英语大专文凭。而"没有任何雄心壮志的人，是一定不会成就什么大事的"，就是她取得成功的重要秘诀。

　　吴士宏在年轻的时候遇到过诸多的磨难，甚至还曾经得过异常难以治愈的白血病。在与病魔的斗争中获胜之后，吴士宏更加珍惜非常宝贵的时间。她单纯地依靠一台小小的收音机，花费了一年半的时间，将许国璋英语三年的课程全部学完了，而且还在自学英语专科毕业的前夕，凭着对待事业的热情与非同一般的勇气通过外企服务公司到著名的IBM公司应聘,并且取得成功。在此之前,外企服务公司向IBM公司举荐过不少人,但是没有一个人被聘用。吴士宏所秉持的信念就是:"绝对不允许他人将我拦在任何门外!"

在刚开始进入IBM公司工作的时候,吴士宏所扮演的是一个相当卑微的角色,主要负责打扫卫生、倒水沏茶,完全属于不需要依靠大脑的体力劳动。在这样一个非常先进的环境中工作,因为自己所拥有的学历太低,吴士宏时常会遭到无理的非难。于是,吴士宏暗暗地在心中对自己发誓:"这样的日子不会持续很久的,绝对不允许他人将我拦在任何门外。"之后,吴士宏暗自对自己说:"将来某一天,我一定要有能力去对公司里的任何一个人进行管理。"为了实现自己的目标,与别人相比,她每天都会多花费6个小时来工作与学习。经过无比艰苦的努力与奋斗,在同一批聘用者当中,吴士宏成了第一个做业务代表的人。没过多长时间,她又成了第一批本土经理,第一个IBM公司华南区的总经理。

在著名的IBM公司中,拥有着众多的人才,吴士宏可以称得上是一个起点相当低的员工了,但是她却非常"敢"想,有着"对他人进行管理"的想法。而一旦哪个人拥有进取之心,即便这种进取心十分微弱,但是它也会像一粒种子似的,通过培育与扶植之后,它就会健康地成长起来,最终开出鲜艳的花,结出丰硕的果。

我们不能否认,教育是推动人们取得成功的一条捷径。但是吴士宏仅仅拥有初中文凭与自考英语大专文凭,仍然获得了令人羡慕的成功。我们这里所说的"教育"指的是传统意义上的学校教育，你可以非常通俗的将它简单地理解成文凭。一纸文凭就好像一块最有力量的敲门砖，有些人可能会对这一点产生质疑，但是倘若你弄清楚人事部经理对于那些堆积成山的简历是如何处理的，那么你马上就会后悔当初没有好好学习，没有前往名牌大学学习了。通常来说，人事部经理们首先会从各个简历中所填写的学校进行筛选，倘若毕业于名牌大学的应征者的其他条件都相符，他们就不会再对其他的简历进行翻看了。

然而，全国的名牌大学仅仅只有那么几个，"独木桥"的确很难通过。所以，不少人在这方面就落后于他人很多了，于是当他们真正地踏入社会，进入职场的时候，就会存在起点上的差别。但是，值得我们庆幸的是，在现实社会中，不少成功人士都是从比较低的起点做起来的。他们能够在落后于他人的情况下来一个"后来居上"，与他们拥有强烈的进取心是密不可分的。

上帝在创造生命的时候，会在每一个生命的耳旁低声说道："努力向前。"这是一种来自内心的召唤，一种催你上进的声音。因此，我们每个人都要注意了，当这种促使你不断前进的声音在你的耳边回响的时候，你一定要用心地进行聆听，因为它是你最为要好的朋友，将会引导你走向光明与快乐，走向胜利的天堂。

请全力追逐你的目标

无数的历史经验表明,但凡成功之人都有一个非常明显的特征,那就是:他们心中从始至终都有一个十分清晰的方向,非常明确的目标,而且有着充足的自信心,勇敢地向前冲。无论别人对其的评价是怎么样的,只要自己的方向没有错误,那么即便只有0.1%的可能性,他们也会极其执着地冲向自己的目标。

这也是为何很多人起点明明是相差不大的,但是最后所达到的终点却有着天壤之别的原因所在。与成功失之交臂的人并非由于他们本身的能力不够,而是他们缺乏明确而清晰的目标,他们的内心不知道自己到底想要做一个什么样的人,而且也不能拼尽全力地去追求理想,因此,他们最终只能抱着无限的遗憾羡慕别人的成功。而那些成功者则不同,他们有十分明确的目标,很清楚自己究竟想要什么,并且会为之不懈地进行努力。

当然了，也有些人可能刚开始的时候，也是拥有明确的目标的。但是，没过多长时间，他们就将自己的目标忘记了，或者在实现目标的过程中，被所遇到的困难与挫折给吓倒了，于是，他们的人生也是平庸无奇的。

当弗兰克还是一个年龄仅有13岁的少年的时候，他就对自己提出了"一定要有所作为"的要求。那个时候，他所设定的人生目标是成为纽约大都会街区铁路公司总裁，这在外人眼中似乎有点儿不可思议。

为了实现自己的人生目标，弗兰克从13岁的时候就开始和一些朋友一同给城市运送冰块。尽管他没有接受过多少正规的教育，但是他就是凭借自己的拼命努力，不断地利用一些闲暇时间进行学习，并且想尽一切办法使劲地往铁路行业进行靠拢。

在他18岁的那一年，通过他人的介绍，他终于踏入了铁路行业，以一名夜行火车上的装卸工的身份为长岛铁路公司服务。在他看来，这是一个相当难得的机会。虽然他每天的工作非常苦也非常累，但是他依旧可以保持一份乐观的心态，积极地面对自己的所有工作。因为这个原因，他得到了领导的认可与赏识，被安排到了铁路上工作，具体负责对铁轨与路基进行检查。虽然这份工作每天只能够赚取1美元，但是他却认为自己距离目标——铁路公司总裁的职位又近了一步。

之后，弗兰克又通过调任成了一名铁路扳道工。在工作期间，他仍然非常勤奋努力，经常加班加点，而且还利用空闲时间帮助自己的主管们做一些类似于书记的工作。他认为唯有如此，他才能够学到一些价值更大的东西。

后来，弗兰克在回忆那段往事的时候，说道："有无数次，我必须工作到半夜11~12点钟，才能够将那些关于火车的赢利与支出、发动机耗量与运转情况以及货物与旅客的数量等数据统计出来。将那些工作做完了之后，我获得的最大收获就是快速地将铁路的每个部门具体运作细节的第一手资料掌握在自己的手中。而在现实工作中，那些铁路经理很少有人可以真正地做到这一点的。通过这样的方法，我已经全面地掌握了这个行业每个部门的情况了。"

然而，他的扳道工工作只不过是一项与铁路大建设有着一定联系的暂时性工作，当工作结束的时候，他也马上被辞退了。

于是，他主动找到了自己公司的一位主管，非常诚恳地对他说："我非常希望自己能够继续留在长岛铁路公司工作，只要您能够让我留下了，不管什么样的工作，我都愿意做。"那位主管被他深深地感动了，所以，就将他调到了另外一个部门去做清洁工作，负责对那些布满灰尘的车厢进行清扫。

没多久，他通过自己踏实肯干的精神，成了一名刹车头，负责通向海姆基迪德的早期邮政列车上的刹车工作。不管做什么样的工作，他一直没有将自己的目标与使命忘记，不断地为自己补充各种铁路知识。

后来，当弗兰克真正地成为公司总裁之后，他仍然非常努力地工作着，经常达到一种废寝忘食的程度。在来来往往、川流不息的纽约街道上，弗兰克每天的工作就是负责对100万乘客的运送工作进行指导，到目前为止也不曾发生过什么特别重大的交通事故。

有一次，弗兰克在与自己的好朋友聊天的时候，说道："在我的眼中，对于一个有着非常强烈的上进心的人而言，没有什么事情是不可以改变的，也没有什么梦想是不能够实现的。一个有着极其强烈的上进心的人不管从事哪一种类型的工作，接受什么样的任务，他都能够以一种积极乐观、热情饱满的态度去对待它，这种类型的人不管在什么地方都会受到人们的肯定与欢迎的。他在凭借自己的不懈努力向前行进的时候，还会得到来自各个方面的十分真诚的帮助。"

在实现自己人生目标的过程中，我们难免会遇到这样或者那样的困难与挫折，然而，执着能够让我们为实现自己的梦想而咬着牙坚持下来，然后从"重围"中"突出来"。一个只要下定决心就不会再有任何动摇的人，能在不知不觉的情况下给人一种相当可靠的保障，他在做事情的时候肯定会是敢于负责，敢于拼搏的，肯定会有希望获得成功的。

所以，如果你想要成为一个令人瞩目的成功者，那么你就应当事先确立一个终极目标。当这个目标确立之后，就不要再有任何的犹豫了，就应该严格地按照已经制订好的计划，一步一步地去做，不达目的誓不罢休，这样一来，你才有可能会笑容满面的与成功相伴。